自动化访问控制技术

张磊 吕灵灵 杨继勇 著

Automated
Access Control T

化学工业出版社

·北京·

内 容 简 介

在自动化访问控制技术中，使用概念格作为角色访问控制模型的核心数据结构具有天然的优势，主要是因为概念格与角色层次之间具有天然的格上的对应关系。本书以概念格的相关理论为基础，在自动化的角色构建、角色更新和角色合并等方面展开研究，然后针对基于概念格的角色探索方法的缺陷，在属性探索算法的框架下，对属性探索算法的时间复杂度、纠错与协作机制进行了研究与探索。

本书适合信息系统设计工程师、访问控制研究人员、高校教师及研究生阅读。

图书在版编目（CIP）数据

自动化访问控制技术/张磊，吕灵灵，杨继勇著. —北京：
化学工业出版社，2021.9
ISBN 978-7-122-39461-3

Ⅰ.①自…　Ⅱ.①张…②吕…③杨…　Ⅲ.①访问控制
Ⅳ.①TP309

中国版本图书馆 CIP 数据核字（2021）第 130725 号

责任编辑：高墨荣　　　　　　　　装帧设计：刘丽华
责任校对：宋　夏

出版发行：化学工业出版社（北京市东城区青年湖南街 13 号　邮政编码 100011）
印　　装：涿州市般润文化传播有限公司
710mm×1000mm　1/16　印张 10¾　字数 204 千字　　2021 年 11 月北京第 1 版第 1 次印刷

购书咨询：010-64518888　　　　　　售后服务：010-64518899
网　　址：http://www.cip.com.cn
凡购买本书，如有缺损质量问题，本社销售中心负责调换。

定　　价：68.00 元　　　　　　　　　　　　　　　　版权所有　违者必究

随着信息技术的发展，信息安全的形势越来越复杂。在众多的信息安全问题中，很大比例是非技术问题。其中，由于管理员疏忽引发的权限错配导致的信息泄露事件频发。究其原因，是由于当前信息系统规模越来越庞大，大大超出了管理和运维人员的能力。为了应对当前信息系统对访问控制的复杂性要求，对自动化访问控制技术的研究就显得尤为重要。这其中，基于角色的访问控制模型（Role-based Access Control Model，RBAC 模型）在访问控制技术中占据着主流地位，也是自动化访问控制技术的重点研究对象。RBAC 角色的设定与维护是 RBAC 模型构建与管理的关键性任务。在 RBAC 模型中，自动化技术主要体现在自动化的角色获取与角色维护上，相关的技术被称为角色工程。

在自动化访问控制技术中，使用概念格作为角色访问控制模型的核心数据结构具有天然的优势。主要是因为概念格与角色层次之间具有天然的格上的对应关系：访问控制矩阵本质上是主体（用户）与权限的二元关系，概念格理论中的形式背景也是对象与属性的二元关系；角色是主体（用户）和权限的对应关系，角色拥有权限，又被赋予一个或多个主体（用户），概念格理论中形式概念也是对象与属性的相互依赖关系；角色的层次结构根据权限的包含关系也满足数学上格的定义，形式概念的集合也构成了一个格。

本书以概念格的相关理论为基础，在自动化的角色构建、角色更新和角色合并等方面展开研究，然后针对基于概念格的角色探索方法的缺陷，在属性探索算法的框架下，对属性探索算法的时间复杂度、纠错与协作机制进行了研究与探索。

具体章节按如下方式进行组织：

第 1 章对本书的研究背景、目的和内容进行介绍。

第 2 章对自顶向下的角色工程方法进行研究。提出了基于属性探索的自上而下角色工程方法及其实现步骤，利用形式概念分析的属性探索理论，通过交互式的形式，半自动化地还原领域专家的背景知识，避免安全隐患。

第 3 章对不相关属性集合的属性探索算法进行研究。提出了一个基于不相关属性集合的属性探索算法，减少寻找下一个交互问题的搜索空间，降低算法的时间复杂度。

第4章对RBAC自纠错的角色探索算法进行研究。 提出了一个RBAC自纠错的角色探索算法。 利用该算法可以自动化地修正已得到的主基与内涵，消除错误答案对知识发现造成的影响，从而得到系统中的角色与权限间蕴涵关系。

第5章对RBAC多人协作的角色探索算法进行研究。 提出了RBAC多人协作的角色探索算法。 该算法不仅避免了角色构建过程中角色需求分析、问卷调查的耗时过程，而且解决了基于属性探索的辅助交互问答算法不支持多人协同的单一问答的缺陷。

第6章对自底向上的角色工程方法进行研究。 建立了一个基于角色替代的最小角色集问题求解模型，设计了一个贪婪算法。 算法自底向上地迭代求解最小角色集。

第7章对基于概念格的角色更新方法进行研究。 基于概念格的角色更新，主要依赖概念格的渐进式构造算法来完成。 根据对概念格的遍历方式的不同，提出了自上而下和自底向上两种渐进式算法。

第8章对基于概念格的角色合并方法进行研究。 基于概念格的角色合并方法主要研究内容是概念格的合并，分别提出了自顶向下的横向合并算法和自底向上的纵向合并算法。

本书是笔者多年来相关领域研究工作的总结与提炼。 本书适合信息系统设计工程师、访问控制研究人员、高校教师及研究生阅读。

笔者就职于河南大学计算机与信息工程学院，在该领域多年的研究中得到了尊敬的导师沈夏炯教授和师兄韩道军教授等的指导和帮助。 在本书的写作过程中，华北水利水电大学的吕灵灵教授和笔者的研究生杨继勇同学做了大量的研究、撰写和校对工作。 同时，实验室的研究生同学也做了大量的工作，感谢参加本书编写的同学：霍雨（书稿整理），陈万、张芃（书稿校对）。 同时，河南大学计算机与信息工程学院、华北水利水电大学电力学院的领导和同事为本书的出版创造了条件，一并向他们表示诚挚的谢意。

国家自然科学基金（No. U1604148）、河南省高层次人才特殊支持计划（No. ZYQR201810138）、河南省科技厅科技攻关计划基金资助项目（202102310340）、河南省高等学校青年骨干教师培养计划项目（2020GGJS027）对本书的研究工作提供了持续的支持，并对本书的出版给予了资助。 化学工业出版社对本书的出版给予了全方位的帮助，谨借此机会表达深切的谢意。

尽管做出最大努力，但因学术水平有限，书中可能存在不妥之处，敬请广大读者不吝赐教，笔者将不胜感激。

张磊

2021 年 5 月 10 日于河南大学

目 录

第7章 概念格的渐减式构造算法 / 87

第8章 访问控制概念格的合并 / 121

第1章

绪论

1.1 基于概念格的角色工程方法

为保证信息资源不被非法使用，访问控制[1]（Access Control）在 20 世纪 70 年代后逐步发展为信息安全的重要组成部分之一。早期主要包括自主访问控制[2] 和强制访问控制[3] 两类访问控制模型。随着网络和信息技术的高速发展，信息的保有量和交流量都达到了前所未有的数量级。新的计算模型越来越多，呈现数据海量化、异构化、开放性、动态化等特点，这给访问控制模型的研究提出了新的挑战[4-7]。访问控制技术朝着更细的粒度和层次、更多的授权依据等方向发展，先后出现了很多访问控制模型[8]。例如基于角色[9]、基于信任[10,11]、基于属性[12,14]、基于使用[15]、基于任务[16,17] 和服务[18,19]、基于身份[20]、基于行为[21,22]、面向分布式和跨域的访问控制[23,24]、与时空相关[25,26] 等一系列的新型访问控制模型及其管理模型[27]。

影响和推动访问控制模型发展的因素最主要有三个方面：适用性、安全性、复杂性[28]。其中，适用性是指访问控制模型的描述能力和控制能力，是推动访问控制技术发展的动力；安全性是指禁止非法用户访问受控资源的能力，是访问控制的基本要求；复杂性是指访问控制要素的规模和控制难度的程度。

在众多的访问控制模型中，基于角色的访问控制模型[29]（RBAC 模型），由于其良好的适用性获得了广泛的研究和应用，在访问控制模型中占据着主流的地位[30]。RBAC 模型将权限与角色相互关联，通过给用户分配和取消角色来完成用户权限的授予和撤销，实现了用户与访问权限的逻辑分离。同时角色往往与企业的具体职位或部门关联，角色的层次结构也通常与企业的组织结构或管理流程密切相关。这种权限管理的灵活性以及与企业组织结构的高度关联性极大地简化了权限管理[31]。

当前信息系统的复杂性又对 RBAC 模型提出了更高的要求[32]。在 RBAC 模型中，角色的设定对权限管理的安全性和易操作性有关键性的影响。因此寻找适合系统功能要求的角色及其对应的权限，是关系到 RBAC 系统的合理性和安全性的一个关键工作。在传统的 RBAC 系统的设计和使用的过程中，用户与角色、角色与权限关系的设定都十分依赖于系统需求信息的获取状况以及系统分析师与系统管理员个人的经验水平。随着信息技术的发展，信息系统日趋复杂和多样化，访问控制中的用户、资源和权限日益增多，而信息系统业务流程以及涉及的领域知识日趋复杂，使得设计和管理一个符合企业对功能和安全需求的 RBAC 系统变得越来越困难[33]。

从企业的功能和安全需求出发，寻找一组适合的角色来精确地反映系统的功能和安全需求，并将权限分配给相应的角色，角色分配给相应的用户，从而构建基于角色的访问控制系统，这一过程被称为角色工程[27]。概括来说，角色工程一般包括角色的构建和角色的维护两类。前者用于新的 RBAC 系统中角色的设计和构建，后者用于正在运行的 RBAC 系统中的角色维护。角色的构建也分为两类方法。一类为自顶向下的角色工程方法，它通过分析系统的功能需求来创建角色和分配相应的权限，能较好地反映系统的业务逻辑和安全需求。另一类为自底向上的角色工程方法，它通过分析系统中已经存在的用户和权限之间的分配关系，利用数据挖掘方法来得到能反映分配关系所对应的角色，也被称为角色挖掘（Role Mining）[34]。前一类方法则往往在新系统的需求分析和设计阶段进行，不依赖已有的用户-权限分配关系数据，但需要系统分析师进行大量的调研、分析和归纳工作，不能借助自动或半自动化的工具进行角色获取。后一类方法能够实现自动化或半自动化的角色获取，但需要有系统前期的访问控制列表（用户-权限分配表）的数据，往往用在信息系统的升级、迁移等过程的角色提取场景中。角色的维护方法主要包括角色的更新和角色的分配。

为了应对当前信息系统对访问控制的复杂性要求，自动化原则[35] 被认为是下一代 RBAC 模型的五大原则之一。目前角色工程的研究主要集中于自动化的角色工程方法。

概念格[36] 是一种重要的数据挖掘、知识获取和机器学习方法，目前已被证明可以用于设计一个满足约束的角色层次结构。概念格与 RBAC 模型之间有着天然的格上对应关系：访问控制矩阵本质上是主体（用户）与权限的二元关系，概念格理论中的形式背景也是对象与属性的二元关系；角色是主体（用户）和权限的对应关系，角色拥有权限，又被赋予一个或多个主体（用户），概念格理论中形式概念也是对象与属性的相互依赖关系；角色的层次结构根据权限的包含关系也满足数学上格的定义，形式概念的集合也构成了一个格。

借助概念格的自动聚类和自动构建层次的特点，国内外有不少学者提出了一些自动化的角色工程方法，例如基于概念格的角色挖掘方法、基于概念格的角色分配方法等等。本书试图在概念格理论的相关方法基础上，对角色工程的角色构建、纠错、协作、角色更新和角色合并等方面进行研究，从而帮助系统分析师和系统管理员完善角色的构建和维护过程，提高 RBAC 系统的安全性。

1.2 国内外研究现状

1.2.1 基于角色的访问控制模型

基于角色的访问控制模型（RBAC 模型）通过引入角色的概念，实现了用户和权限的逻辑分离。RBAC 模型将用户与角色相关、角色与权限相关，通过角色的分配和取消来完成用户权限的授予和撤销。这大大提高了系统的灵活性与管理效率。在实际的访问控制系统中，经常会出现用户权限的变化，比如用户的加入和删除、业务流程变化带来的权限变化等。对于这些变化，RBAC 系统只需为该用户赋予相应的角色即可完成，而不用更改系统内部组织结构。这种高度的灵活性以及与企业组织结构的高度关联性，使得 RBAC 模型成为目前被使用最广泛的访问控制模型。

1.2.1.1 RBAC 模型发展历程

最早的较为正式的 RBAC 模型是由美国国家标准与技术研究所（National Institute of Standards and Technology，NIST）的 Ferraiolo 和 Kuhn 在 1992 年提出的，这一版本的模型后来被称为 RBAC92 模型[31]。

Sandhu[29] 等人于 1996 年提出的 RBAC96 模型将 RBAC 模型拆分为四个概念模型，系统地对 RBAC 的各种概念进行了清晰的定义，被认为是 RBAC 的经典模型。其中，RBAC0 是一个基础模型，只包含 RBAC 的基本元素；在 RBAC0 的基础上，RBAC1 与 RBAC2 分别加入了角色的继承和限制，但两模型并不互相兼容；RBAC3 包含了前三个模型的所有元素，是一个综合模型。

2001 年，美国国家标准技术协会（NIST）提出了 RBAC 标准化模型[9]，该标准以 RBAC96 模型为基础，综合了学术界和产业界的各种见解，也被称为 NIST RBAC2001 模型。该模型进一步被国际信息技术标准委员会（Inter National Committee for Information Technology standards，INCIT）采纳并于 2004 年提交美国国家标准学会（American National Standards Institute，ANSI）通过（IN-CITS 359—2004 RBAC 标准草案）正式成为美国国家标准[37]。ANSI RBAC 标准定义的 RBAC 参考模型由四大模型组件构成：核心 RBAC（Core RBAC）、层次 RBAC（Hierarchical RBAC）、静态职责分离（Static Separation of Duty，SSD）和动态职责分离（Dynamic Separation of Duty，DSD）。核心 RBAC 对应于

RBAC96 模型中的 RBAC0，定义了 RBAC 所需元素和关系的最小集合，是 RBAC 系统的必要组成部分，其他各部分彼此独立，可以分离使用。层次 RBAC 与 RBAC96 模型中的 RBAC1 相对应，在核心 RBAC 的基础上引入了角色层次。层次 RBAC 包括一般层次 RBAC 和受限层次 RBAC。约束 RBAC 对应于 RBAC2，在原有模型的基础上加入了职责分离的约束，职责分离分为静态职责分离和动态职责分离。

1.2.1.2   RBAC 模型的研究现状

适用性、安全性、复杂性是影响访问控制模型研究发展的最重要的三个属性[28]。按照这三个方面，可以将 RBAC 的研究分为三类：

第一类是 RBAC 的扩展模型研究。此类扩展模型主要为了巩固和提升 RBAC 模型的适用性而对 RBAC 模型进行扩展[38]。例如，B. Steinmuller 等人[39] 通过在传统 RBAC 模型的基础上引入了状态的概念，提出了一个基于状态的 RBAC 扩展模型，将由对象访问控制的变化所引起的 RBAC 组件的变化作为状态的迁移，从而可以根据状态转换图来跟踪各个对象的访问控制策略；D. Richard Kuhn 等人[40] 提出的 RBAC-A（Integrating Attributes with RBAC）模型，通过给 RBAC 添加属性完成了 RBAC 模型与基于属性的访问控制模型的结合，来实现更强表达能力和更广的适用范围；由于分布式和网络环境的要求，也出现了一些以多域和分布式环境下的 RBAC 访问控制模型，Martino[23] 提出了一种电子健康系统中的多域 RBAC 模型；Bakar Chakraborty 等人[11] 将信任关系集成到了 RBAC 模型中，提出了一个在开放式环境中的 TrustBAC 访问控制模型；为了满足访问控制对"粒度控制"的要求，翟征德等人[41] 结合了信任管理的特点，提出了一个开放式环境下的细粒度授权模型；Sandhu 在文献［35］中提出了下一代 RBAC 模型所应遵循的五大原则：抽象、分离、遏制、自动化（Automation）、责任（Accountability）。其中抽象与分离原则是对 RBAC96 模型特征的提炼，遏制原则（遏制恶意泄漏权限）与责任原则（提升主体的责任意识）是为了提升 RBAC 模型的安全性，自动化原则（自动授权与回收）是为了降低授权的复杂性和管理员的管理负荷。

第二类关注于 RBAC 的安全分析[42-44]。此类研究主要对 RBAC 模型的安全性进行评估。例如，刘强等人[45] 采用智能规划技术对具有角色继承层次和角色静态互斥特征的分布式访问控制系统进行策略安全分析；Mondal 等人[46] 提出了一个基于时间自动机的安全分析方法，来验证针对时变的 RBAC 系统的访问控制模型 Temporal-RBAC 的特性；Li Ninghui 等人[47] 提出了一个安全分析技术来保证委托管理权限时的安全特性，并给出了 RBAC 模型中安全分析问题的精确定义；Laborde 等人[48] 提出了一个基于 RBAC 策略的评估网络安全机制的形式化方法；Qamar 等人[49] 使用了形式化和半形式化的技术来对使用各种 RBAC 扩展模型

（包括角色层次和权责分离约束）的安全规范说明工具进行了评估。

第三类是对 RBAC 中的关键对象——角色进行研究，即角色工程。此类研究主要针对在复杂信息系统中构建和管理角色时所面对的复杂性问题。相关研究内容在下节详细介绍。

1.2.2 角色工程

角色工程的概念是由 Coyne[50] 首先提出，指在 RBAC 访问控制模型中寻找适合系统需要的角色工程方法[51]。在 RBAC 模型中，用户与权限并不直接相关，用户与角色相关，角色与权限相关，通过角色的分配和取消来完成用户权限的授予和撤销。角色的设定对用户的权限分配具有关键性的影响，因此需要寻找适合系统需要的角色及其对应的用户和权限，使其能够精确地反映系统所具有的功能和安全需求。

大体上可以将已有的角色工程方法分为两大类。一类是角色的构建方法，另一类是角色的维护方法。角色的构建方法主要用于根据已知信息构建新的角色，也可以分为两类，一类是自上而下的角色工程方法，另一类是自下而上的角色工程方法[52]。角色的维护方法主要用于为已经存在的角色更新权限和分配用户。

1.2.2.1 自上而下的角色工程方法

自顶向下的角色工程方法从系统需求出发，采用基于软件工程的方法，自上而下、逐步细化、反复迭代地分析系统中所有的功能需求并构建适合需求的角色和权限，来确保构建出的角色能够反映系统的功能性和安全性需求。

Coyne[53] 首先提出了自上而下的角色分析方法，并将系统的用户活动作为识别角色的高层次信息，但是他主要在概念层面进行讨论，并不涉及技术细节。Fernandez 和 Hawkins[54] 提出了一个利用用例来判断所需的权限的方法。Röckle 等人[55] 提出了一个通过分析商业过程来推断角色的方法。Neumann 和 Strembeck[56] 提供了一个基于场景的方法，他们将用场景作为分析用户权限和定义任务的基本语义单元，然后把工作模式分解为更小的与系统权限关联的单元，最终根据场景、工作模、权限来提炼角色。Strembeck 在文献［57］中进一步讨论了在基于场景的角色工程过程中，不同角色工程的产品之间的关系、梳理了角色工程的过程，以及如何利用已有的软件工程文档支持角色工程。Epstein 和 Sandhu[58] 将 UML 图引入到角色工程的活动中。与此类似，Shin 等人[59] 提出了一个利用 UML 语言进行系统信息建模的方法，使得角色工程的过程更加便捷。Kern 等人[60] 提出了一个基于角色生命周期（分析、设计、管理和维护）的迭代和增量式的方法来构建角色和权限之间的关系。Wu MeiYu[61] 提出了一种基于活动和事件驱动的角色工程方法，其中，事件是常规任务，活动则由事件来触发，角色由多个事件的重叠部分来创建，三者之间是多对多关系。

自顶向下的角色工程方法从系统的功能及安全需求和企业的业务逻辑出发，依赖领域专家的知识来构建基于角色的访问控制系统，因而能够保证构建出的角色系统合理地反映系统的功能性和安全性需求．然而信息系统变得越来越庞大和复杂，对于拥有众多用户和资源以及包含大量业务逻辑的信息系统而言，该方法主要依赖系统分析人员的经验水平，不能借助自动或半自动化的工具，分析和验证的过程过于复杂，使得角色设计的安全性存在代价高易失败的风险。

1.2.2.2　自下而上的角色工程方法

自下而上的角色工程方法也称为角色挖掘方法，该方法利用系统中已有的用户和权限之间的分配关系，如访问控制列表 ACL（Access Control List），通过数据挖掘等自动化或半自动化的方法将能反映用户-权限分配关系的角色从用户-权限的关系数据中挖掘出来。

Kuhlmann 等人[62] 首先使用"角色挖掘"这个术语，应用数据挖掘技术来从历史数据中发现角色。但是传统的数据挖掘技术往往会挖掘出大量冗余的角色信息，这反而增加了角色和权限管理的复杂性。因此角色数目最小化问题成为角色挖掘的一个重要研究内容。Vaidya 等人[63] 提出了利用二进制整数编程的方法来寻找能够覆盖所有用户所需权限的最小角色数目的问题。Lu 等人[64] 则提出了一个角色数目最小化问题的统一建模框架。

最初的角色挖掘方法只能反映已有访问控制数据中的用户与权限的分配关系，但是无法为新加入的用户与权限关系分配角色。因此机器学习技术被引入到角色挖掘中，通过系统中已有的用例来指导学习和推导，从而推断适合系统的角色。Frank 等人[65] 对用户-权限关系的概率进行建模，进而推断角色-用户和角色-权限的赋值。

自顶向下的角色工程方法主要借助软件工程的相关方法来分析归纳角色分析的过程。而自底向上的角色工程方法则主要研究各类角色挖掘算法。角色挖掘算法按输出内容分为两类[66]：一类按优先级输出角色，另一类输出完整的 RBAC 状态。

第一类算法首先产生候选角色，然后为每个候选角色按重要程度分配优先级，最后按优先级排序输出。典型算法如下。

由 Vaidya 提出的 CompleteMiner 和 FastMiner 算法[67]。算法利用枚举技术来产生候选角色集，并计算所有可能的用户所具有的权限的交集。CompleteMiner 算法首先从用户-权限集中产生一个初始角色集，然后计算初始角色的所有可能的交集。该算法的时间复杂度随初始角色集的大小呈指数级增长。为了降低 CompleteMiner 算法的时间复杂度，FastMiner 算法只计算初始角色集中两两角色之间的交集，其他内容与 CompleteMiner 算法类似。

DynamicMiner 算法[68] 包括三个阶段：产生候选角色集、选择角色、产生 RBAC 系统。产生候选角色集既可以用 FastMiner 算法，也可以用 FP-Tree algorithm 算法。在从候选角色集中选择合适的角色时，角色选择的标准与文献［67］中的静态优先级不同，算法采用了动态的优先级计算方法，迭代式地将当前最符合条件的角色选中并更新其他角色的用户集。

第二类算法不仅能够生成一系列的角色，而且能生成用户、角色、权限之间的分配关系，以及角色之间的层次关系。典型的算法如下。

由 Schlegelmilch 和 Steffens[69] 于 2005 年提出的 ORCA 算法。该算法是第一个专门为角色工程设计的挖掘算法，能够在权限上用层次聚类技术来发现角色。算法将每个权限定义为一个初始簇，然后迭代式的将含有共同用户的簇合并，最终形成一个角色层次。但是该算法只能将其中一个权限划分到某一个角色中，而不能将同一权限分配到不同角色。也就是说算法不允许没有层次相关的角色间存在权限重叠，这与 RBAC 的标准是相违背的。

由 Zhang 等人于 2007 年提出的 Graph Optimization 算法[70]。该算法使用分解访问控制矩阵的方法来获取角色层次图，然后将角色挖掘问题看作一个图优化问题，利用图优化技术来寻找最合适的角色。与 ORCA 不同，算法首先将每个用户的权限集构成一个角色，然后迭代地在两个角色上创建它们交集的新角色，然后将最小化角色和边的数量之和作为优化目标来进行局部的重构。

由 HP 实验室的 Ene 等人提出的 HP Role Minimization 和 HP Edge Minimization 算法[71]。Ene 等人首先把最小角色集问题约简为著名的最小 biclique 覆盖问题，建立了最小角色集模型。在此基础上提出了 HP Role Minimization 和 HP Edge Minimization 算法。HP Role Minimization 算法用于寻找一个覆盖用户-权限赋值关系的最小角色集。算法每步选择一个用户（或一个权限），然后寻找该用户所具有的权限（或具有该权限的用户）所对应的角色，如此反复迭代直至找到一个最小角色集。HP Edge Minimization 算法是用于找出边的数目最小的 RBAC 系统的启发式算法，对 RBAC 的重构过程与 Graph Optimization 算法类似。

纯粹的角色挖掘方法的主要局限性在于，此类方法不能找出商业角度上最优的角色集。从商业的观点来看，角色往往包括了相同的商业流程活动或相同部门的组织单位，因此通常具有一定的商业上的意义。而直接从访问控制矩阵挖掘出来的角色往往只反映了用户与权限的聚类关系，没有商业的背景含义。Colantonio 等人[72] 提出了一个能够利用商业活动过程和组织架构之类的商业信息来实现有商业意义的角色挖掘算法。该算法引入了中心性指数的概念作为角色挖掘过程的代价驱动函数，然后对中心性指数进行排序来测量商业活动和组织架构中角色的范围。该工作在文献［42，43，73，74］中进一步实现。Molloy 等人提出了类似的方法[68,75,76]，主要利用职位的语义信息来实现有商业意义的角色挖掘。算法引入

"权重结构复杂度"作为判定 RBAC 的状态复杂度的代价函数,然后用基于形式概念分析的算法来降低角色发现的复杂度。

1.2.2.3　角色的维护方法

角色的维护包括角色更新和角色分配两类方法。

信息系统在其生命周期内,主体和客体会不断随时间变化,主体对客体的访问权限也会随之变化。当初始配置的访问控制系统中的角色不能满足新的需要时,这就要求对角色所具有的权限进行变更。若已有角色的权限都不满足需要,则需要产生新的角色;若某些角色的权限不再被需要,则需要撤销该角色。此类基于权限变更引起的角色的变化过程,称为角色的更新。

角色更新通常发生在以下两种情况:

① 在信息系统中,企业的业务逻辑往往以任务为组织单位来体现,而一个任务通常需要获取一系列权限[77]。用户在执行任务时需要扮演相应的角色来获取相应的权限。当系统的业务逻辑发生改变时,或者任务发生多样性的变化,可能不存在合适的角色集合满足用户对执行这些任务所需要的权限。因此需要对角色的状态进行更新,增加、修改或删除某些角色,从而保证任务能够执行。

② 信息系统中,客体资源可能会不断变化,主体对客体的操作也可能会变化。而权限是操作与客体的组合。因此,权限在信息系统的生命周期中也是不断变化的[78]。因此,当系统中客体资源增加或操作增加时,会使得需要在系统中增加相应的权限以满足用户对客体资源的操作要求。同时,对于某些已经移除的资源或不需要的操作,也需要将冗余的权限撤销。这些新增和撤销权限的过程都需要进行角色的更新。

角色的分配是指在信息系统中,可能会新增、撤销一些主体,或将某些主体所具有的权限变更为其他主体的同类权限,因此需要在已有的角色中找出并分配给该主体相应权限需求的角色。这类为主体分配角色的过程称为角色分配。

角色的分配主要研究的是在复杂系统中,主体的自动角色分配问题。当信息系统的用户和角色(或资源)数量非常庞大时,完全依赖人工操作进行角色分配无法满足大量用户的快速角色分配。例如,文献 [44] 中提出了一种利用概念格将角色权限和属性进行关联分析的模型,根据用户属性将满足需求的角色自动分配给新用户。移动服务的推荐也可以看作是一个用户的角色分配问题。在移动环境中,服务推荐必须依赖上下文环境,因为上下文数据是多级的,不断变化和重新配置,因此通常从上下文数据中挖掘特征,然后进行归类,进而能够快速地自动给移动用户推荐所需要的服务[79]。利用角色来代表具有相同兴趣或抽象特征的用户组,可以把移动服务的推荐问题转化为用户的角色分配问题。

1.2.3 概念格

形式概念分析理论由德国的 Wille R. 教授于 1982 年首次提出[36]。该理论源于哲学范畴中的"概念"，每个"概念"分为内涵和外延两部分：内涵是事物的某些属性的集合，而外延就是具有这些属性的事物对象的集合。概念间的包含关系等价于外延和内涵的包含关系。从数学的角度来看，概念间的包含关系是一种偏序关系，其产生的完全格，就是概念格。由概念格上的偏序关系生成的 Hasse 图，能够反映概念的层次结构，生动简洁地体现了概念之间的泛化-例化关系。现实世界的各种事物或信息大都可以比较容易地表示成一个对象或实例具有某些属性或特征的关系。在形式概念分析中，这种对象-属性间的二元关系被称为形式背景。将形式背景生成为概念格的过程被称为概念格构造。

1.2.3.1 概念格的研究概述

概念格被认为是进行数据分析的有力工具，在诸多领域得到了研究和应用。

在信息检索领域，基于概念格的导航系统以关键词为属性、文档或 Web 页为对象构建概念格，具有良好的导航交互性。由于概念格在揭示关键词语义关系方面具有独特的优势，使得将概念格应用于 Web 语义检索领域成为近年来非常活跃的研究方向之一[80-82]。

在数据挖掘和知识发现领域，概念格的形式背景和粗糙集、数据库具有天然的相似性，概念格的构造过程本身就是概念的聚类过程，因此很容易将其应用到关联规则挖掘和知识发现。基于概念格的关联规则挖掘中最著名的是 TITANIC 算法[83]。概念格可以被用作蕴涵规则和关联规则发现的形式框架，提高规则挖掘的响应效率，还能在没有信息损失的前提下以直观的视图呈现规则。

在社会网络分析领域，将用户特征、感兴趣的关键词作为属性，用户踪迹、网页 url 等作为对象，构造概念格进行信息聚类，可以实现社会网络的发现和导航[87,88]。基于概念格的社会网络分析具有网络可视化与语义性好的特点。

在生物信息学领域，将传统概念格的关联规则发现应用到生物信息学，以发现基因表达式之间的特征关系是近年来概念格研究领域的一个新兴研究方向[89]。将生物的特征和基因组对应于形式背景的属性与对象，能够不损失细节信息进行聚类匹配，发现大量有价值的基因表达式[90,91]。

在本体构建领域，概念格能够自动计算并发现潜在的概念、呈现概念及概念间关系的可视化视图，使得传统的手工构建本体过渡到自动构建本体阶段。因此概念格被应用于本体的构建、映射和本体合并等方面。最有代表性的是 Stumme 提出的 FCA-Merge 方法[92]。

在概念格的扩展研究方面，一个代表性的方向是将模糊集等理论引入概念格理论中，形成了模糊概念格理论。Burusco 等人[93] 首先将模糊理论应用于概念格构建以生成基本的概念。刘宗田和强宇等人[94] 分别对模糊概念格做了相应的研究。

在信息安全领域，由于概念格模型的层次性和完备性，借助概念格工具能够自动计算并对主客体进行聚类，是近年来的概念格研究一个十分活跃的研究方向，相关内容在下节详细介绍。另外也有学者利用概念格的层次分类和聚类能力对各种安全信息进行归类分析。例如，Sarmah 等人[95] 使用语言学和形式概念分析构建形式化模型进行安全模式的分类，Alvi 等人[96] 在综合比较了已有的 23 种安全模式分类方法之后，认为该方法具有通用性、导航性、完备性、可接受性、互排他性、可重复性、无歧义性等特点。Breier 等人[97] 用形式概念分析描述各个安全属性，来对系统的安全控制进行离散尺度的评估。Jang 等人[98] 利用形式概念分析来统一描述个人信息的隐私保护系统，能够计算信息的敏感级并进行分类以避免没有用户授权情况下隐私数据的泄露风险。Priss[99] 提出了一种基于形式概念分析的 Unix 系统监控方法。该方法不需要提前知道事件性质再去搜索分析，而是能够将所有的事件数据分析归类。

1.2.3.2 基于概念格的访问控制和角色工程方法

概念格具有数学上的完备性，同时能够自动化地将数据聚类为概念、并建立概念层次模型。访问控制本身也具有层次化和主客体分组归类的要求，因此概念格成为访问控制研究的一个有力工具。大多数学者都利用概念格的自动聚类特点来实现访问控制的某些自动计算要求，如自动建立角色或安全类的层次结构、自动寻找安全约束、自动发现安全类或角色等等。具体的研究领域包括以下几个方面：

（1）强制访问控制

强制访问控制模型只允许信息在低级和高级之间单向流动或同级间流动，也即按格的偏序关系流动。因此强制访问控制模型满足数学上格的定义，往往是一种格模型[3]，例如 Biba 模型[100]、BLP 模型[101] 等。而概念格在数学上满足完备格的定义，形式背景中的对象和属性正好对应于访问控制矩阵，形式概念对应于安全类，概念间的偏序关系恰好是安全类的偏序关系。因此利用概念格对强制访问控制具有很强的表示能力。

概念格在强制访问控制方面的研究主要有两类：一类主要利用概念格的自动聚类能力构建信息流动的偏序关系，来实现自动化的强制访问控制能力。如 Sakuraba 等人[102] 将形式概念分析应用到文件服务器组中来实现强制访问控制。该方法首先将安全策略映射为形式背景，将安全类映射为形式概念，然后直接从安全策略中产生例如用户访问点等相关配置参数，构成访问策略的安全概念格。该方法还能通过将文件服务器映射到安全类或角色，来实现面向信息流控制的强制访问控制和基于角色的访问控制。

另一类主要利用概念格的相关理论工具来实现强制访问控制的强制约束和验证，以对系统开发人员提供辅助。例如 Obiedkov 等人在文献［103］中指出形式概念分析理论的属性探索能够强制系统开发人员考虑他们可能会忽视的问题，并在文献［104］中对基于属性探测的强制访问控制模型进行了进一步的讨论，认为该方法可以使系统设计者更好地理解不同安全类之间的依赖。

（2）角色挖掘

概念格模型与 RBAC 模型存在强烈的对应关系[105]：用户对应于形式背景的对象，权限对应于属性，形式概念对应于角色，Hasse 图对应于角色间的层次关系。利用概念格来进行 RBAC 模型的研究有着极大的便利性。目前的研究主要用于支持 RBAC 模型的角色工程方法，大体上可以分为角色挖掘、约束生成、角色分配、角色维护四个方面。

基于概念格的角色挖掘研究主要是利用概念格的自动聚类和层次模型来发现新的角色以及构建角色的层次结构。Sobieski 等人[105]首先系统性的提出利用概念格与 RBAC 模型对应关系来进行构建 RBAC 层次模型，他们建立了 RBAC 模型和概念格模型的映射关系，然后提出了一个利用概念格从访问控制矩阵中发现角色并建立角色的层次结构的方法，最后阐明该方法能够判定系统的安全度并发现越权的恶意登录。Kumar[106]进一步利用形式概念分析格的性质，对 RBAC 模型中的各种角色的访问权限进行建模。首先将三维的 RBAC 矩阵转化为一个动态的安全背景。在此背景上，访问权限是属性而交叉积为角色，数据项为对象。最终将访问权限以格结构的形式展示并获得权限上的依赖关系。

基于概念格的角色挖掘技术不仅可以用于新建或移植 RBAC 系统，也能用于对已有信息系统的角色进行逆向工程。这是由于概念格具有聚类和层次化的特点，能够很好地对软件模块中的结构进行导航和显示。例如，Gauthier 等人在文献［107］中提出了一个软件逆向工程中利用形式概念分析来对访问控制模型的理解和可视化提供支持的方法，该方法能够抽取角色-权限关系、发现潜在角色并绘制角色层次视图，同时还能够发现错误的权限、提供角色定制的用户交互接口。

角色挖掘的核心问题有两个，一个是准确地反映系统安全需求，另一个是尽可能地方便管理。在具体的角色挖掘研究中，主要目标是挖掘出的角色尽可能地符合商业意义，以及挖掘出的角色及其层次结构尽可能地简单。而基于概念格的角色挖掘方法由于其与 RBAC 模型天然的对应关系，在这方面的研究取得了突出的成绩。Molloy 等人[68,75,76]指出层次 RBAC 系统的挖掘问题与形式概念分析紧密相关，并提出了一个基于形式概念分析的角色挖掘方法。该方法把挖掘到的角色层次的权重结构复杂度（weighted structural complexity）作为最小代价函数，以此评判挖掘出的角色是否符合预定义参数的优化目标要求，并给出了一个基于概念格的贪婪算法 HierarchicalMiner（HM）来降低角色发现的时间复杂度。算法将每个角色看成一个形式概念，外延为角色对应的用户，内涵为角色对应的权限，约简后的概念格为角色的层次结构。该方法能够挖掘出有意义的角色信息。文献［66］对已经存在的各种角色挖掘方法进行对比后指出，该方法能够找出权重结构复杂度最低的RBAC角色层次结构，并且产生的角色具有实际的商业意义。

（3）约束生成

约束是RBAC模型中的一组强制性规则，是RBAC系统安全的一个重要组成部分，确保相关安全管理人员的操作能够被执行或者被禁止。例如角色互斥约束、基数约束、职责分离原则、时间约束等。作为一个经典的知识发现和机器学习方法，概念格的相关理论能够为RBAC模型中的约束发现提供更可靠的手段。国内外的学者主要利用形式概念分析的属性探测对未知约束进行探测，同时利用概念格的完备性特点进行验证。例如Frithjof Dau和Martin Knechtel[108]应用描述逻辑（Description Logics，DLs）来形式化RBAC模型，然后使用基于形式概念分析的属性探测方法系统地找到非计划中的含义并且获得约束和将其显示化。进一步地，Knechtel在文献［109］中系统地介绍了如何利用形式概念分析的属性探测方法来从RBAC矩阵中找出RBAC模型的约束条件。Kumar在文献［110］中利用形式概念分析理论的格和偏序的特性，把传统的表示角色访问权限的安全背景延伸为一个动态的形式背景，并在此形式背景上执行形式概念分析的属性探索，然后将该方法用于一个医疗ad hoc网络，最后分析表明该方法能够满足RBAC的静态职责分离约束和角色层次的要求。

（4）角色分配

在传统的信息系统中，用户的角色和权限赋值通常由人工完成。而在复杂信息系统或一些信息网络应用中，完全的人工操作无法应对数量庞大的角色分配任务和随时变化的访问请求，这给系统管理带来了一定的安全隐患。针对这一问题，韩道军等人[44]提出了一种利用概念格将角色权限和属性进行关联分析的模型，根据用户属性将满足需求的角色自动分配给新用户。贾笑明等人[111]则提出了一种基于概念格的角色评估模型，来应对RBAC模型中人工对角色进行分配权限导致的人力成本过高及分配结果不合理的情况。

移动服务的推荐也可以看作是一个用户的角色分配问题。在移动环境中，服务推荐必须依赖上下文环境。因为上下文数据是多级的，并不断在变化和重新配置，因此通常从上下文数据中挖掘特征然后进行归类，进而能够快速地自动给移动用户推荐所需要的服务[79]。利用角色来代表具有相同兴趣或抽象特征的用户组，可以把移动服务的推荐问题转化为用户的角色分配问题。

除了经典的访问控制需要进行角色分配，在一些新型的计算模型和应用中也存在类似的角色分配问题。例如，在移动互联网中，为移动用户推荐适合的服务也通常被研究人员看作是一个角色分配问题。通常的角色挖掘方法只考虑两个维度的参数（用户，权限），而并不关心上下文感知问题。Wang 等人在文献［112］中提出了一个上下文感知的角色挖掘方法，他们利用概念格创建角色树，然后进行角色挖掘，自动地将用户按照他们的兴趣、习惯归类分组，并在此基础上进行移动服务的推荐。

（5）角色更新

在复杂信息系统中由人工对角色进行更新，增加、删除角色或修改角色的权限，会带来极大的管理复杂性。由于概念格与 RBAC 模型存在一一对应关系，当主体和客体的权限发生变化时，可以利用概念格的渐进式构造对角色进行动态调整，完成角色的自动维护工作。例如，何云强等人[113] 针对复杂信息系统中权限管理由人工操作的安全隐患问题，将概念格模型引入到角色访问控制中，提出了一种自动化的权限管理方法，为系统管理人员的操作提供辅助支持。

1.3 本书的主要研究内容

在 RBAC 模型中，角色的设定对权限管理的安全性和易操作性有关键性的影响。随着信息系统日趋复杂和多样化，设计一个符合功能和安全需求的 RBAC 系统变得越来越困难。概念格是一种重要的数据挖掘、知识获取和机器学习方法，其格的性质与 RBAC 模型之间有着天然的格上的对应关系，已被证明可以用于设计一个满足约束的角色层次结构。本书旨在借助概念格理论的相关方法，帮助系统分析师发现角色、完善角色工程的分析流程，同时解决实际工作中遇到的高耗时，不具有检错、纠错功能、协作、角色更新和角色合并的问题，对提高角色工程的安全性有着重要的意义。具体地，本书研究内容如下：

① 基于概念格的角色探索方法。分析经典的自上而下角色工程方法的不足。在经典方法的基础上，研究利用概念格的属性探索理论，来设计一种半自动化的自上而下的角色工程方法，通过交互式询问的方式半自动地帮助系统分析师发现角色、完善角色工程的分析流程，以避免由于依赖人工分析导致重要的角色被遗漏或场景用例的缺失问题，从而提高角色工程的安全性。研究交互式询问的角色发现方法所采用的属性探索算法，使得该算法能够在角色分析的同时，利用概念格的Hasse 图自动化地生成角色的层次模型。

② 规避不相关属性集合的计算，以降低算法的时间复杂度。针对属性探索算法时间复杂度高的问题，提出了一种基于不相关属性集合的属性探索算法。属性探索算法是基于概念格的角色探索方法的核心工作，对整体算法的复杂度有关键性的影响。研究发现耗时过程主要在于寻找下一个与专家交互的问题这一环节，传统算法在此过程中存在大量冗余计算。针对这个问题，本书分析伪内涵和内涵与蕴涵集合的内在逻辑关系，发现了一类特殊的属性集合。这类属性集合既不是内涵也不是

伪内涵，并且与蕴涵集合存在一定的特殊关系，本书将这类关系定义为不相关关系。根据这种不相关关系，设计了一种基于不相关属性集合的属性探索算法，跳过违反该逻辑关系的属性集合是否为伪内涵或者内涵的判断过程，减少算法的搜索空间，从而降低算法的时间复杂度。

③ 基于概念格的角色探索方法纠错功能改进策略。在传统的基于概念格的角色探索方法过程中，十分依赖于专家给出的答案。该方法仅仅简单地接受专家给出的答案，不做进一步的校验。如果专家给出了一个错误的答案，那么需要将已探索到的知识全部推倒重新探索。然而，在实际工作中，交互专家难免会偶尔疏忽，因此这种不具有检错、纠错的角色探索算法在实际应用中受到了极大的限制。在检错模块的研究中，受问卷调查设置等价问题以验证问卷调查可信度思想的启发，本书将传统的基于概念格的角色探索方法中的交互问题，通过蕴涵等值式变换为多个问题，然后通过验证专家对等价问题的回答是否一致，从而发现专家的回答是否有误。在纠错模块的研究中，本书分析了伪内涵和内涵与形式背景内在逻辑关系，发现并提出了矛盾子背景的定义，然后根据发现的关系，设计了自纠错的 RBAC 角色探索算法，该算法能够消除错误答案对知识发现造成的影响，从而得到正确的角色与权限间的蕴涵关系集合。

④ 基于概念格的角色探索方法多人协作功能改进策略。传统的基于概念格的角色探索方法不支持多人协同构建角色体系，限制了该方法在大数据时代中的应用。针对这个问题，本书在属性探索算法的框架下，提出了多人协作的 RBAC 角色探索算法。该算法利用传统的基于概念格的角色探索方法与多位专家进行交互问答，然后将得到的结果进行归并计算，得到多个专家知识背景下的角色体系，为 RBAC 模型构建提供了一个支持多人协作的角色探索方案。

⑤ 基于概念格的最小角色集求解。研究如何在基于概念格的 RBAC 模型所发现的角色集合中，找出满足最小权限原则的最小角色集合。首先深入研究概念格的数学性质，然后据此建立基于角色替代方式的最小角色集求解模型，最后在此模型基础上来设计一种基于替代和约简的最小角色集求解算法。由于最小角色集问题的求解是一个 NP 难问题，因此采用贪婪算法来尽可能地降低时间复杂度，并通过实验和分析来验证相关理论和算法的有效性。

⑥ 基于概念格的角色更新方法。信息系统的角色更新主要体现在主体对客体的访问权限也随时间变化，也即访问控制矩阵随时间变化。基于概念格的角色更新主要目标是，当访问控制背景变化时能够快速对概念格进行更新，使格模型所描述的访问控制模型与访问控制背景一致。当访问控制背景的主体和客体增加时，已有的概念格渐增式构造算法能够满足角色更新的要求。这里主要研究概念格的渐减式算法，即在原概念格基础上减去某些对象（主体）或者属性（客体）的渐进式更新算法。为了能够及时快速响应主客体的变化对角色更新的影响，需要渐进式算法的

时间性能足够优秀。这就需要深入研究对象和属性删除后，原概念格与新概念格之间节点的映射关系和边（节点的前驱-后继关系）的变化规律。以此为基础，分别研究对象和属性删除后，能在原概念格基础上同时对概念格的节点和 Hasse 图进行渐进式地调整的算法。最后通过实验和分析来验证相关理论和算法的有效性。

⑦ 基于概念格的角色合并方法。不同的 RBAC 系统合并为一个 RBAC 系统时，主要是针对角色及其层次结构的合并。在基于概念格的角色工程方法中，主要是利用概念格的合并来完成角色及其层次结构的合并。原有的概念格合并算法时间性能有限，这里主要研究时间性能更加高效的概念格合并算法。

第2章

基于属性探索的自顶向下角色工程方法

在 RBAC 的角色工程方法中，自顶向下的角色工程方法通过分析系统的功能需求来创建角色和分配相应的权限，能较好地反映系统的业务逻辑和安全需求。而自底向上的角色工程方法也即角色挖掘方法，需要有系统前期的访问控制列表（用户-权限分配表）的数据，然后利用数据挖掘方法来分析系统中已经存在的用户和权限之间的分配关系，从而得到能反映分配关系所对应的角色。相比较而言，自顶向下的角色工程方法在新系统的需求分析和设计阶段进行，不依赖已有用户-权限分配关系数据，因此目前大多数新建的信息系统的 RBAC 系统的设计主要采用前一类方法实现。

然而，随着信息系统的日益复杂化，RBAC 的各类用户和权限的关系也越来越复杂。采用传统的自顶向下角色工程方法需要系统分析师进行大量的调研、分析和归纳工作，不能借助自动或半自动化的工具进行角色获取。这使得自上而下的角色工程方法严重依赖系统分析师自身的经验水平，从而导致系统角色的设计存在一定的安全风险。Molloy 等人[68] 认为自上而下的方式进行角色设计在实践中并不能产生足够好的 RBAC 设计：①往往根据职位来设计流程而不考虑职位之间共有的权限；②一些系统设计者受自主访问控制模型的影响，在角色设计时过于随意；③很多组织没有设计 RBAC 系统的经验，他们并不知道什么是好的 RBAC 系统。

本章借助概念格中的属性探索理论，来设计一种半自动化的角色分析方法，可以解决自顶向下角色工程中由于过度依赖领域专家而导致的安全风险问题。

属性探索（Attribute Exploration）[36] 是一种通过与专家交互来判断概念和属性间的蕴涵关系的交互式过程。Ganter[114] 给出了属性探索的数学理论模型，用于基于蕴涵和反例的简单知识获取过程，并给出了应用实例。Franz Baader[115] 等人运用属性探索探测算法来与领域专家交互，从而构建与问题背景同构的完备的逻辑层次结构，并提出了初步的属性探索算法。

目前已有学者将属性探测理论用于访问控制模型的设计。Obiedkov[104] 等人将属性探测用于强制访问控制的格模型的建立，帮助系统设计人员理解系统的不同域中的安全类之间的依赖关系。Kumar[110] 利用属性探索来设计 RBAC 模型，但是该方法仅仅是对已有角色的优化，并未用于提取和设计新的角色。

概括而言，角色的设计首先要求系统的设计者能够预知系统运行时的所有访问控制需求，然后根据系统的功能和安全设计要求来找出需要的角色。然而在系统的设计阶段，这种背景知识可能是不完整的，只能从领域专家的经验中获知，而领域专家由于经验水平或者系统设计时的严密性不足，使得这种背景知识的获取存在被遗漏的可能性，这是导致自上而下角色工程方法产生安全风险的根本原因。

概念格与 RBAC 模型之间有着数学中的格结构上的对应关系，使用概念格来对角色的层次结构进行建模有着天然的优势。而属性探索理论能够通过与专家交互的方式来构建与问题背景同构的完备的逻辑层次结构，从而能够尽可能地将领域专家的背景知识还原出来，避免了知识获取过程中的遗漏。

利用上述特点，借助概念格理论的属性探索方法，本章提出了一个自顶向下的角色工程方法，通过交互式询问的方式半自动地帮助系统分析师发现角色、完善角色工程的分析流程，从而提高角色工程的安全性。

本章的主要工作如下：①分析了经典的自上而下角色工程方法的不足；②在经典方法的基础上，提出了基于属性探索的自上而下角色工程方法及其实现步骤；③给出了交互式询问的角色发现方法所采用的属性探索算法。

2.1 基本概念

本节主要对概念格和 RBAC 模型的一些基本概念进行介绍，作为本章以及本书的基础。

2.1.1 概念格的基本概念

本节先对偏序和格的一些基本定义进行回顾，然后对概念格的一些基本定义和理论进行简单介绍。相关定义参考自文献 [36，105，115]。

（1）格论

定义 2.1　称二元关系 R 为集合 P 上的一个偏序关系，如果对于任意的 x，

y，$z \in P$，R 都满足如下条件：

　① 自反性 xRx；

　② 反对称性 xRy，$yRx \Rightarrow x = y$；

　③ 传递性 xRy，$yRx \Rightarrow xRz$；

　记偏序关系 R 为"$\leqslant$"。序偶$<P$，$\leqslant>$称为偏序集。

　在不引起混淆的情况下，经常把$<P$，$\leqslant>$简称为 P。把 $x \leqslant y$ 且 $x \neq y$ 记为 $x < y$。

定义 2.2　设$<P$，$\leqslant>$为偏序集，x，$y \in P$，如果 $x < y$，且不存在 $z \in P$ 使得 $x < z < y$，则称 y 覆盖 x，记为 $x \prec y$。

　可以证明，有限集上的偏序由它的覆盖关系唯一确定。

　偏序集$<P$，$\leqslant>$可以用 Hasse 图来表示，P 中的元素作为顶点，两个元素间的覆盖关系 $\prec$ 作为边，$\forall x$，$y \in P$ 满足：

　① 若 $x < y$，则 x 在 y 的下方；

　② 若 $x \prec y$，则用一条线段连接 x 和 y。

定义 2.3　设$<P$，$\leqslant>$为偏序集，$Q \subseteq P$，$y \in P$。若 $\forall x$ ($x \in Q \rightarrow x \leqslant y$) 成立，则称 y 为 Q 的上界；若 $\forall x$ ($x \in Q \rightarrow y \leqslant x$) 成立，则称 y 为 Q 的下界。如果 Q 的所有上界组成的集合中有最小元素，则称该元素为 Q 的最小上界或上确界，记为 $\sup(Q)$ 或 $\vee Q$；对偶地，所有下界集合的最大元素称为 Q 的最大下界或下确界，记为 $\inf(Q)$ 或 $\wedge Q$。

　一般用 $a \vee b$ 来代替 $\sup(\{a,b\})$，$a \wedge b$ 来代替 $\inf(\{a,b\})$。类似地分别用 $\vee P$ 和 $\wedge P$ 来代替 $\sup(P)$ 和 $\inf(P)$。

定义 2.4　设$<P$，$\leqslant>$是一个偏序集，如果 P 中任意两个元素都有最小上界和最大下界，则称$<P$，$\leqslant>$为格。

定义 2.5　设$<P$，$\leqslant>$是一个偏序集，如果对于任意非空的集合 $S \subseteq P$，都存在有 $\vee S$ 和 $\wedge S$，则$<P$，$\leqslant>$被称为是一个完全格。

格对偶原理　设 f 是含有格中的元素以及符号 $=$、$\leqslant$、$\geqslant$、$\vee$、$\wedge$ 的逻辑命题，令 f^* 是将中的 $\leqslant$ 替换为 $\geqslant$，将 $\geqslant$ 替换为 $\leqslant$，将 $\vee$ 替换为 $\wedge$，将 $\wedge$ 替换为 $\vee$ 后所得到的命题。则称 f^* 是 f 的对偶命题。若 f 对于一切格为真，则 f 的对偶命题 f^* 也对于一切格为真。

（2）概念格

定义 2.6　在形式概念分析中，形式背景（formal context）是一个三元组 $K = (G, M, I)$，其中 G 是对象集合，M 为属性集合，I 是 G 和 M 间的二元关系。对于一个对象 $x \in G$，属性 $m \in M$，那么 xIm 就表示对象 x 具有属性 m。

　通常，用交叉二维表来描述形式背景，如表 2-1 所示。

对象	属性			
	a	b	c	d
1	1	0	1	0
2	1	1	0	0
3	0	0	1	1
4	1	0	1	1

定义 2.7　在形式背景的对象集 $A \in P(G)$ 和属性集 $B \in P(M)$ 之间定义如下两个映射：

$$f(A) = \{m \in M \mid \forall x \in A, xIm\};$$
$$g(B) = \{x \in G \mid \forall m \in B, xIm\}.$$

定义 2.8　在形式背景中，如果一个二元组 $C = (A, B)$ 满足 $A = g(B)$，$B = f(A)$，则我们称二元组 (A, B) 为一个形式概念（在不引起混淆的情况下简称为概念）。其中 A 是对象幂集 $P(G)$ 的元素，称为概念 C 的外延，记作 $\mathrm{Extent}(C)$，B 是属性幂集 $P(M)$ 的元素，称为概念 C 的内涵，记作 $\mathrm{Intent}(C)$。称概念 (A, B) 为 m 属性概念，若满足 $A = g(\{m\})$。称概念 (A, B) 为 g 对象概念，若满足 $B = f(\{g\})$。

定义 2.9　形式背景 K 的所有形式概念的集合被标记为 $CS(K)$。设有概念 $C_1 = (A_1, B_1)$ 和 $C_2 = (A_2, B_2)$，若满足 $A_1 \subseteq A_2$（等价于 $B_1 \subseteq B_2$），则称 C_1 为 C_2 的亚概念，C_2 为 C_1 的超概念，并记为 $(A_1, B_1) \leqslant (A_2, B_2)$。若不存在 $C_3 = (A_3, B_3)$，满足 $(A_1, B_1) \leqslant (A_3, B_3) \leqslant (A_2, B_2)$，则称 (A_1, B_1) 为子概念，(A_2, B_2) 为父概念，并记为 $(A_1, B_1) < (A_2, B_2)$。形式背景 K 上的所有概念和关系 $\leqslant$ 组成的集合被称为形式背景 K 的概念格，记为 $L(K)$。

定理 2.1　（概念格基本定理）概念格是一个完全格，其上下确界分别为（其中，T 是索引集）：

$$\bigwedge_{t \in T} (A_t, B_t) = \left(\bigcap_{t \in T} A_t, f\left(g\left(\bigcup_{t \in T} B_t \right) \right) \right)$$
$$\bigvee_{t \in T} (A_t, B_t) = \left(g\left(f\left(\bigcup_{t \in T} A_t \right) \right), \bigcap_{t \in T} B_t \right)$$

概念格的对偶原理　若 $K = (G, M, I)$ 是一个形式背景，则 (M, G, I^{-1}) 也是一个形式背景。$(B, A) \rightarrow (A, B)$ 是 $L(M, G, I^{-1})$ 到 $L(G, M, I)^d$ 的同构映射。

根据对偶原理，交换对象和属性，就可以得到对偶概念，并可以进一步扩展到对偶概念格。

形式背景 $K=(G,M,I)$ 上的概念有以下基本性质（$\forall A,A_1,A_2\subseteq G,\forall B,$ $B_1,B_2\subseteq M$）：

性质 2.1 $A_1\subseteq A_2\Rightarrow f(A_2)\subseteq f(A_1)$，$B_1\subseteq B_2\Rightarrow g(B_2)\subseteq g(B_1)$

性质 2.2 $A\subseteq g(f(A))$，$B\subseteq f(g(B))$

性质 2.3 $f(g(f(A)))=f(A)$，$g(f(g(B)))=g(B)$

性质 2.4 $(g(f(A))$，$f(A))$ 和 $(g(B),f(g(B)))$ 均为 $L(K)$ 上的概念。

把直接父、子概念用线段连接，并按照父概念在上、子概念在下的原则，就得到了概念格的 Hasse 图。图 2-1 所示的是表 2-1 中形式背景对应概念格的 Hasse 图，图中的节点表示一个概念。记 Parent(C) 为 C 的所有父节点的集合，Child (C) 为 C 的所有子节点的集合。一般认为，概念格的 Hasse 图是一个知识系统的可视化表示。

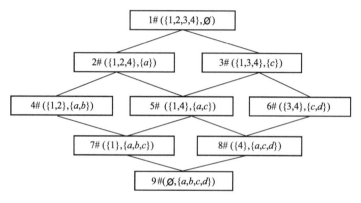

图 2-1 表 2-1 的形式背景所对应的概念格

（3）属性探索

定义 2.10   对于形式背景 $K(G,M,I)$ 上的两个属性集 P，$Q\subseteq M$，如果每个具有 P 的属性的对象就一定具有 Q 的属性，也即属性集 P 对应的对象集是属性集 Q 对应的对象集的子集，则称 $P\rightarrow Q$。属性集间的这种关系成为属性蕴涵。

属性探索是从未知的形式背景中，通过与专家交互的方式，完备地非冗余地生成蕴涵集合的方法。

定义 2.11   属性集 $P\subseteq M$ 称为形式背景 $K(G,M,I)$ 的伪内涵，当且仅当对于每一个伪内涵 $Q\subset P$，$Q\neq P$ 都有 $Q\neq f(g(P))$ 及 $f(g(Q))\subseteq P$。可以证明，蕴涵集 $\{P\rightarrow f(g(P))\backslash P\mid P\}$ 是完备的、非冗余的集合。

为了计算所有的伪内涵，需要首先计算蕴涵伪壳。

定义 2.12   设属性集 $P=\{p_1,p_2,\cdots,p_n\}$ 上的元素具有线性序 $p_1<p_2<\cdots<p_n$。对于 B_1，$B_2\subseteq P$，定义 $B_1<_j B_2$ 当且仅当 $p_j\in B_2\backslash B_1$ 并且 $B_1\cap\{p_1,p_2,$

$\cdots,p_{j-1}\}=B_2\bigcap\{p_1,p_2,\cdots,p_{j-1}\}$。进一步地，定义 $B_1{<}B_2$ 且仅当存在 $1{\leqslant}j{\leqslant}$ n，使得 $B_1{<}_jB_2$。

显然字典序关系 $<$ 是 2^P 的一个线性序关系，且可以证明，给定 $B{\subseteq}P$，字典序上 B 之后的第一个元素 B^+ 的形式满足：

① 存在最大的正整数使得 $p_j{\notin}B_2$

② $B^+=B\bigcap\{p_1,p_2,\cdots,p_{j-1}\}\bigcup\{p_j\}$

定义 2.13 给定蕴涵集 J 和 $B{\subseteq}\Lambda$，若 $H{\subseteq}\Lambda$ 满足：

① $B{\subseteq}H$；

② 对于任意的 $B_1{\rightarrow}B_2{\in}J$，若 $B_1{\subset}H$，则必有 $B_2{\subset}H$；

③ 在①、②的意义下最小。

则称为 B 相对于 J 的蕴涵伪壳记为 $J^*(B)$。

2.1.2　RBAC 模型

本节主要对访问控制和 RBAC 模型的一些基本概念和定义进行简单介绍。相关定义参考自文献 [1，9，29，105]。

（1）访问控制三要素

访问控制是主体对客体的访问能力及范围进行约束的一种手段。它通过预先定义的访问机制限制用户访问数据资源，能够防止非法用户越权使用系统资源，从而保证系统资源受控地、合法地使用。

访问控制有三个基本要素：主体、客体和控制策略。

① 主体 S（Subject）：是指提出访问资源具体请求的发起者。可能是某一用户，也可以是用户启动的进程、服务和设备等。

② 客体 O（Object）：是指被访问的资源对象。所有可以被操作的信息、资源、文件、系统或设备都可以是客体。

③ 控制策略：是主体对客体的访问规则集合。访问策略体现了一种授权行为，用以确定哪些主体对哪些客体拥有什么样的访问能力。

访问控制模型是在访问控制的角度描述系统安全的模型方法。访问控制模型从不同角度来定义主体、客体、访问控制策略是如何表示和操作的。

（2）访问控制矩阵

访问控制矩阵最早由 Butler Lampson 于 1971 年提出，Graham 和 Dening 做了进一步改进。该模型将主体对客体的权限存储在矩阵中，是最简单的访问控制模型。在实践中，由于所需存储空间很大，并没有真正被使用。但是该模型的简单抽象性，非常便于理解，使得它成为一种最基本的抽象表示方法。在抽象的层次上，它可以表述任意的安全策略，因此也成为分析计算机安全的理想工具。

在访问控制中，主体集合 S 和对象集合 O 之间的关系用带有权限的矩阵来描述。R 表示权限集合，A 中的任意元素 $A[s,o]$ 满足 $s \in S$，$o \in O$，$A[s,o] \subseteq R$，表示主体 s 对于对象 o 具有权限 $A[s,o]$。通常将访问控制矩阵表示为一个二维表，主体作为行，客体作为列，对应的行与列的对应元素表示主体与客体之间的操作权限的关系。表 2-2 为一个示例。

▢ 表 2-2 一个访问控制矩阵示例

项目	文件 1	文件 2	程序 1	程序 2
进程 1	读	读	读；执行	读
进程 2	读		读	写
进程 3	写	读	读；执行	

（3）基于角色的访问控制模型

本书所讨论的 RBAC 模型基于 NIST RBAC 2001 的层次 RBAC 模型。为简化讨论，直接使用权限表示操作和客体的二元组，也即用户在对象（客体）上施加的操作，将操作和对象作为一个权限整体来考虑。如图 2-2 所示。

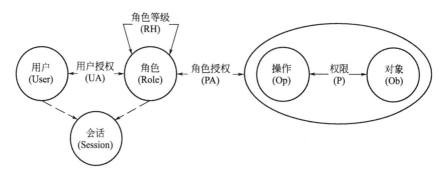

图 2-2 层次 RBAC 访问控制模型

定义 2.14 本书讨论的 RBAC 层次模型，不考虑会话。包括如下定义：

① U、R、P 分别表示用户集合、角色集合、权限集合；

② $PA \subset R \times P$，表示多对多的权限和角色对应关系；

③ $UA \subseteq U \times R$，表示多对多的用户和角色对应关系；

④ $users(r) = \{u \in U | (u,r) \in UA\}$ 表示具有角色 r 的用户集；

⑤ $pers(r) = \{p \in P | (r,P) \in PA\}$ 表示角色 r 所具有的权限集；

⑥ $PERS(R) = \{p \in P | r \in R, (r,P) \in PA\}$ 表示角色集 R 所具有的权限集；

⑦ $RH \subseteq ROLES \times ROLES$ 表示角色的层次关系，是定义在 ROLES 上的一个偏序关系，称为继承关系，记作 $\geqslant$。$r_1 \geqslant r_2$ 当且仅当 r_2 的所有权限都是 r_1 的

权限，r_1 被指派的所有用户都是 r_2 被指派的用户。也即，$r_1 \geqslant r_2 \Leftrightarrow \text{pers}(r_2) \subseteq \text{pers}(r_1)$。

2.1.3 概念格与RBAC模型的对应关系

在形式概念分析中，使用形式背景来抽象描述事物对象及其属性间的二元关系，可以表示为一个二维表。概念格是在形式背景中对象与属性之间的二元关系建立的一种"概念"的层次结构。

访问控制模型定义了主体对客体之间的访问能力及范围，反映了主体与客体之间的操作关系。在基于角色的访问控制模型（RBAC）中，使用角色来实现用户和权限的逻辑分离，通过角色的分配和取消来完成用户权限的授予和撤销。每个角色都与一组用户和一组权限相对应。角色的包含关系是一种偏序关系，这种偏序关系构成了角色之间的层次结构。

由上述概念格与RBAC模型的简述可知，概念格与RBAC模型存在强烈的对应关系[105]：访问控制矩阵与形式背景、角色与概念、用户与外延、权限与内涵、概念格的Hasse图与角色层次结构。一个访问控制矩阵可以用一个形式背景 $K(U, P, I)$ 来表示。其中，U 为用户集，P 为权限集，$I \subseteq U \times P$，$(u, p) \in I$ 表示用户 u 具有权限，$u \in U$，$p \in P$。形式背景 K 上的概念 $C = (A, B)$ 就是一个角色，A 表示被分配到该角色的用户，B 表示该角色所具有的权限。概念格 $L(K)$ 上的所有形式概念的集合，构成了整个访问控制矩阵中的所有可能的角色及其层次结构。访问控制矩阵中权限的蕴涵关系即为角色所具有的权限的蕴涵关系，体现了角色的层次关系。而概念格的构造过程正好反映了从访问控制矩阵中获取角色层次结构的过程。

概念格与RBAC模型的这种对应关系，使得用概念格来对角色的层次结构进行建模有着天然的优势。

2.2 经典方法及其不足

经典的自顶向下的角色工程方法都是通过领域专家分析企业特定功能需求来获得系统所需的安全和功能需求，然后为这些需求创建角色，从而构建基于角色的访问控制系统。其中最具有代表性的为Neumann等人[56]的方法，其流程如图2-3所示。

场景是一系列动作或事件的序列。一个动作或事件被看作一个步骤，而执行一个步骤是信息系统对资源（客体）进行的一系列操作。系统对一个资源的一个操作就涉及一个权限。用户如果要完成一个场景就必须拥有该场景所涉及的所有权限。

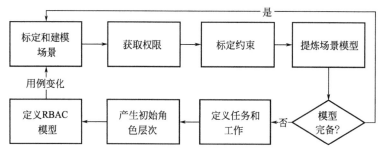

图2-3 自顶向下的 RBAC 角色工程流程图

任务是信息系统在功能层面的一个具体事务流程（例如保险公司对某个保险业务的处理过程）。工作是一类同样工作性质的用户所能进行的所有任务的集合，通常情况下工作是一个职位。

该方法将工作分解成任务，任务分解成场景，场景分解成步骤，步骤分解成权限，从而实现构建基于角色的访问控制系统。需要说明的是，场景和任务、任务和工作是多对多的关系，一个场景可能与多个任务相关，一个任务也可能与多个工作相关。

图 2-3 所示的步骤中，领域专家通过分析系统业务逻辑来获取系统所需的全部场景或用例，然后根据场景和用例进一步获取对应的权限，再获取系统在权限上相应的约束。进而对已获得的场景的公共部分进行提炼。如果场景模型已经完备，则在场景模型的基础上对任务和工作进行定义，也即任务的定义是由场景为原子的语言进行描述的，这些场景或用例连续或并行执行以确保某个任务的实现。通过分析系统中用户、任务、场景、权限之间的对应关系生成能够反映系统需求的角色以及角色间的层次关系，并进一步合并同类角色、删除冗余的角色，最终构建一个完整的 RBAC 系统。在一轮 RBAC 模型建立的过程中，可能会发现新的用例场景，则重新开始将新的用例加入。如此反复迭代，不断细化，最后形成符合需求的 RBAC 系统。

在上述过程中，场景和任务是否已经完备，场景和任务中所列举的权限组合关系是否完全发现都依赖于领域专家的分析水平和经验。在日趋复杂的信息系统中，这是一项高难度的十分有挑战性的工作，任何一个遗漏都可能给角色的设置带来隐患。完全依赖于领域专家和系统分析师，没有自动化的工具来验证和分析，这为角色的设计带来了隐患。

2.3　基于概念格的角色探索方法

概念格的属性探索能够完备地非冗余地生成属性的蕴涵集合，也即权限的蕴涵集合。由概念格与 RBAC 模型的对应关系可知，权限的蕴涵关系同时也是角色的层次关系。因此概念格的属性探索十分适用于角色的发现，有助于帮助领域专家发现被遗漏的任务场景和角色。

基于概念格的角色探索方法如图 2-4 所示。其具体过程为：

① 建立场景模型。与经典方法相同，领域专家首先完成场景的标定和建模。场景由完成该场景的步骤构成，而每个步骤由相关的执行操作和资源（客体）构成。在访问控制中，往往将操作和客体作为一个权限，因此一个场景可以由权限的序列构成。将所有的场景和权限的对应关系表示为一张二维表 $SP<S，P，I_{sp}>$。其中 S 表示场景集合，P 表示权限集合，$I_{sp}(s,p)$ 表示场景 s 与权限 p 关联，且在二维表 SP 的第 s 行 p 列的相应位置为 1，否则为 0。反复执行该过程，直到领域专家认为所有的场景已经建立。

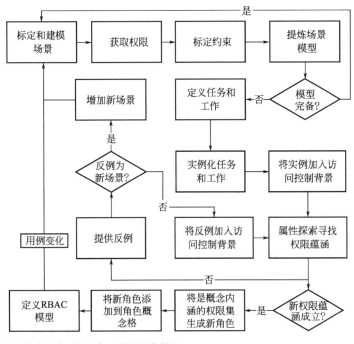

图 2-4 基于概念格的自顶向下的角色工程方法流程图

② 定义工作和任务。此步也与经典方法相同，根据信息系统的需求用例，信息系统的所有任务和工作定义采用场景的序列来描述。将任务和场景的对应关系表示为一张二维表 $TS<T，S，I_{ts}>$。其中 T 表示为任务集合，S 表示场景集合，$I_{ts}(t,s)$ 表示任务 t 与场景 s 相关联，且第 t 行 s 列置 1，否则置 0。将工作和任务的对应关系表示为二维表 $WT<W，T，I_{ts}>$。其中 W 表示工作集合，T 表示为任务集合，$I_{ws}(w,t)$ 表示任务 t 与场景 s 相关联，且第 t 行 s 列置 1，否则置 0。

③ 实例化工作和任务。此步骤将任务和工作以具体的某个用户完成某项任务作为用例进行实例化，例如保险员张三接受客户的车损理赔申请，分别在二维表 **TS** 和 **WT** 中增加该用例的记录。

④ 将实例加入访问控制背景。访问控制背景是一个形式背景 $K(U,P,I)$，在这里对象集 G 是用户集合，属性集 M 是权限集合。由于工作通常是一个职位，用例中的用户往往也是一个职位，所以一个工作在实例化阶段就对应一个用户。因此可以用实例化的二维表 **TS**、**WT** 以及已经建模的二维表 **SP** 产生一个访问控制背景，计算公式为 **WT · TS · SP**，也即三个矩阵的乘积。由矩阵乘法运算的定义可知，该乘积是个形式背景。最后将这个新增的形式背景加入总的访问控制背景中。

⑤ 利用概念格的属性探索方法寻找权限蕴涵。由 2.3 节的基本知识可知，属性探索能够找到未包含在访问控制背景中的权限蕴涵，这有助于专家识别是否遗漏了重要的用例和场景。此过程需要把找到的权限蕴涵与专家交互问答，询问该权限蕴涵是否在系统的访问控制逻辑中成立。例如，在保险公司的车辆定损业务中，如果某职员具有权限集＜读取客户交通事故记录，读取客户车险品种＞是否就一定也具有权限＜赔付车辆维修费＞？相关的探索算法将在 2.5 节介绍。

⑥ 权限蕴涵不成立。如果在步骤⑤中领域专家判定系统找到的权限蕴涵不成立，则说明前面由领域专家经过经验分析得来的场景、任务和工作的用例不完备，需要专家补充新的反例。如果该反例不属于原有的任何场景，说明场景建模不完备，则增加新的场景，重新修改和标定场景，然后重新开始新一轮的分析流程。如果该反例仅仅是实例化的过程中没有提供足够的实例，则将新的反例加入访问控制背景中，继续寻找新的权限蕴涵。

⑦ 权限蕴涵成立。如果该蕴涵成立，根据属性蕴涵理论，则蕴涵的后件可能为概念内涵。由概念格与角色的对应关系可知，判断为概念内涵的权限集是一个概念，因此必然是一个角色。需要将该内涵集生成为新的概念也即角色。

⑧ 将产生的新角色添加到概念格中。这个过程需要将新生角色与其他角色间建立父子关系，生成概念格的 Hasse 图。

⑨ 定义 RBAC 模型。概念格及其 Hasse 图对应于所有可能的角色及其层次结构。这些角色通常来说会包含一些冗余角色，需要根据系统的需求进行调整，删除不必要的角色。经过调整后，概念格的内涵部分即是符合要求的角色。概念格的外延部分包含的用户，仅仅是用例分析中的实例，不是系统实际运行的用户。

2.4　角色探索算法

属性探索算法是本书工作的核心部分，主要完成 2.4 节中第⑤～⑦步的工作。

与传统的属性探索算法不同，角色探索算法的输出结果不是属性间的蕴涵关系，而是这种蕴涵内在逻辑之上产生的概念格。算法不仅要找到所有满足蕴涵约束的内涵，还要生成概念及概念之间的父子关系（即 Hasse 图）。

本节借鉴文献［115］的属性探索算法，利用字典序求解伪内涵，从而找到完备的非冗余的属性蕴涵集。然后与专家交互，询问该蕴涵是否成立。对于不成立的属性蕴涵，由专家提供反例。对于成立的属性蕴涵，进一步判断蕴涵的后件是否为内涵，如为是，则产生概念，并添加到概念格中。如此反复迭代，最终产生的概念格就是满足系统访问控制中权限蕴涵需求概念格。角色探索算法如算法 2.1 的 RoleExploration 所示。

⊡ **算法 2.1　角色探索算法**

Procedure RoleExploration(M)
输入：属性集 M；专家关于属性依赖是否成立的判定（运行中交互）
输出：概念格 L_i
BEGIN
01　$J_0:=\varnothing$
02　$L_0:=\{(\varnothing,M)\}$
03　$K_0:=\varnothing$
04　$o_0:=\varnothing$
05　$B_0:=\varnothing$
06　WHILE $j\neq0$ DO
07　　问专家在 K_i 中 $B_i\rightarrow f(g(B_i))\backslash B_i$ 是否成立？
08　　IF 专家回答 no THEN
09　　　专家提供反例 $o_i\in O$
10　　　$o_{i+1}:=O_i\bigcup\{o_i\};B_{i+1}:=B_i;J_{i+1}:=J_i;L_{i+1}:=C_i$
11　　　在 K_i 中加入 o_i 及其具有的属性，记为 K_{i+1}
12　　ELSE
13　　　$K_{i+1}=K_i$
14　　　IF $B_i\neq f(g(B_i))$ THEN
15　　　　$J_{i+1}:=J_i\bigcup\{B_i\rightarrow f(g(B_i))\backslash B_i\}$;
16　　　　$L_{i+1}:=C_i$
17　　　ELSE
18　　　　$L_{i+1}:=\text{Add}(L_i,g(B_i),f(g(B_i)))$
19　　　　$J_{i+1}:=J_i$
20　　　END IF
21　　　$j:=n$
22　　　WHILE $j>0$ DO
23　　　　IF $B_i<_j J_{i+1}*(B_i\bigcap\{p_1,p_2,\cdots,p_{j-1}\}\bigcup\{p_j\})$THEN
24　　　　　$B_{i+1}:=J_{i+1}*(B_i\bigcap\{p_1,p_2,\cdots,p_{j-1}\}\bigcup\{p_j\})$
25　　　　　BREAK
26　　　　ELSE
27　　　　　j−
28　　　　END IF

29	END WHILE
30	END IF;
31	END WHILE;
32	输出 L_i;
END	

在算法 2.1 中，第 01～05 行进行初始化，其中，J_i 为蕴涵集合，L_i 为概念格，初始概念格是一个外延为空集、内涵为 M 的概念，K_i 是渐增形式背景，O_i 是对象集合，B_i 为字典序集合，下标 i 表示第 i 次迭代。第 07 行是根据字典序遍历属性蕴涵集，然后问专家该蕴涵集是否成立。第 08～12 行是当蕴涵不成立，将反例加入形式背景中，此时形式背景增加一条对象及其与属性的关系记录。第 14～20 行是判断 $f(g(B_i))$ 是否是伪内涵。其中，第 14 行成立时，说明 $f(g(B_i))$ 为伪内涵，在第 15 行生成一条属性蕴涵并加入 J_i 中；否则 $f(g(B_i))$ 为内涵，在第 18 行将概念 $(g(B_i), f(g(B_i)))$ 加入格 L_i 中并记为 L_{i+1}。第 21～29 行是利用蕴涵伪壳计算 B_{i+1}，其中，n 为属性的总数，其判定和计算条件如定义 2.13 所述。

在过程 RoleExploration 中，函数 Add(L,A,B) 是产生外延为 A、内涵为 B 的概念，并将其加入概念格 L 中，同时更新 L 的 Hasse 图。函数 Add 的算法描述如算法 2.2 所示。

在算法 2.2 中，第 01 行是调用 FindMaxIntent 函数寻找包含内涵 B 的最大概念。由概念格的性质可知，该概念必然是新生概念的子概念。第 02 行和第 03 行是根据外延和内涵产生新概念并放入概念格中。第 05～19 行是寻找新生概念的父概念并放入集合 N 中，其计算依据是新生概念的父概念必须满足的 3 个条件：①必然存在于第 01 行找到的新生概念子概念的所有上层概念中；②其内涵包含内涵 B；③彼此之间不存在父子关系。第 20～24 行为新加入的概念建立父子关系。

⊡ **算法 2.2　向概念格中添加概念的 Add 函数**

Procedure Add(L,A,B)
输入：概念格 L；概念外延 A；概念内涵 B
输出：增加过概念的概念格 L
BEGIN

01	C：＝FindMaxIntent(L,Inf(L),B)；
02	C'：＝(A,B)
03	L：＝$L \bigcup \{C'\}$
04	N：＝∅；
05	FOR each Parent C'' of C DO
06	S：＝FindMaxIntent(L,C'',Intent(C'')$\bigcap B$)；
07	IsParent：＝true；

08	FOR each S' in N DO
09	IF Intent(S)⊆Intent(S') THEN
10	IsParent：=false;
11	EXIT FOR
12	ELSE IF Intent(S')⊆Intent(S) THEN
13	$N:=N-\{S'\}$;
14	END IF
15	END FOR
16	IF IsParent THEN
17	$N:=N\bigcup\{S\}$;
18	END IF
19	END FOR
20	FOR each S' in N DO
21	删除 S' 到 C 的边;
22	新增 S' 到 C' 的边;
23	END FOR
24	新增 C' 到 C 的边;
END	

在函数 Add 中调用的函数 FindMaxIntent(L,S,B) 是在概念格 L 上，寻找比概念 S 大的所有概念中，内涵包含 B 的最大的那一个概念。函数 FindMaxIntent 的描述如算法 2.3 所示。

⊡ 算法 2.3　寻找内涵包含 Intent 的最大概念函数 FindMaxIntent

Function FindMaxIntent(L,S,B)	
输入：概念格 L；概念 S；内涵 B	
输出：最大的内涵包含 B 且比 S 大的概念 C	
BEGIN	
01	$C:=S$
02	IsMaximal：=true;
03	WHILE MaxIsMaximal DO
04	IsMaximal：=false;
05	FOR each Parent C' of C DO
06	IF B⊆Intent(C') THEN
07	$C:=C'$;
08	IsMaximal：=true;
09	EXIT FOR
10	END IF
11	END FOR
12	END WHILE
13	RETURN C
END	

小结

　　本章提出的基于概念格的角色探索方法能够对自上而下的角色工程方法提供一种半自动化的验证过程，通过对属性蕴涵的计算，确保所有权限的组合都被遍历到，从而避免了由于依赖人工分析导致重要的角色被遗漏或场景用例的缺失问题。同时，该方法利用概念格的 Hasse 图，能够在角色分析的同时自动化地生成角色的层次模型，直观便捷。

第**3**章

基于不相关属性集合的属性探索算法

目前，属性探索算法已经被应用多个领域之中。Borchmann[116] 从形式概念分析出发，为属性探索提出了一个通用的描述框架，将属性探索的变体，看作通用框架下的一个实例。Borchmann 在文献［117］中提出了基于置信度概念的属性探索，为在可能有错误的形式背景中进行属性探索，提供了一个可行性方案。Glodeanu[118] 提出了基于已有背景知识的模糊属性探索算法，该算法允许领域专家给出模糊的回答。Obiedkov[104] 等人以属性探索交互式地构建基于网络结构的访问控制模型。Jäschke[119] 将属性探索应用于 Web 查询之中，提出了一种基于属性探索的网络信息检索方法，提高查询效率。Obiedkov[120] 提出了协作的概念探索，帮助人们构建事物本体。Hanika[121] 提出了一种专家对概念集合进行协作获取知识的方法。Codocedo 等[122] 使用属性探索算法对上下文进行抽样，提出了一个计算上下文模式结构的方法，降低了计算高维对象结构的复杂度。

然而，由于属性探索算法具有属性蕴涵计算完备性的特点，所以其计算过程过于耗时，无法满足当前大数据时代中对海量数据知识获取的需求，限制了算法的进一步应用。如何降低计算的时间开销，成为当前研究的一个重要问题。文献［123，124］为属性探索算法设置一个固有前提以提高算法效率。但是这种方案在提高算法效率的同时，也使得该算法具有了一定的局限性。

Kriegel[125] 提出了一种并行的属性探索算法，以增加单位时间计算能力的方式来降低属性探索算法的耗时。并行计算的方案减少了属性探索算法的整体耗时，但是无助于改进单个节点中串行算法的时间复杂度。与前述方案不同，本书着眼于寻找并规避算法内在的冗余计算过程，以有效降低算法的时间开销。

属性探索算法耗时瓶颈的关键在于"寻找下一个与专家交互的问题"，传统属性探索算法以计算蕴涵伪壳的方式寻找下一个交互问题。研究发现，此过程中存在规避冗余计算的可能。例如，赵小香等[126] 运用属性集合与蕴涵集合相关性定义对属性探索算法进行改进，在一定程度上改进了算法效率。但是该算法在寻找下一个交互问题时，需要逐个遍历属性集合的所有组合方式，当属性较多时算法的搜索空间较大，耗时仍较为明显。

研究发现，存在一类与主基不相关的集合。这些集合包含主基中某个蕴涵式的前件，不包含这个蕴涵式的后件，而且主基与内涵集合都不含有这类属性集合。

对此，本章提出了基于不相关属性集合的属性探索算法（Attribute Exploration of UnrelatedSet，AEUS）算法，借助属性集合与主基不相关的关系，跳过与主基不相关的属性集合是否为下一个属性探索问题的判断过程，减少寻找下一个交互问题的搜索空间，降低算法的时间复杂度。

3.1 属性探索算法理论研究与改进

属性探索算法以主动提出问题的方式与领域专家交互，通过字典序遍历属性集合，并测试该集合是否是伪内涵或者内涵。利用是伪内涵的属性集合产生蕴涵式，从而构建形式背景的主基，获取到相关的背景知识。由于该字典序是所有属性幂集上的一个线性序，所以保证了属性探索算法的完备性。但当属性数目较多时，算法的耗时很长。

上述过程中耗时的关键在于，通过遍历的方式测试属性集是否为伪内涵或者内涵的过程存在大量冗余计算。如果属性集合包含主基中某个蕴涵式的前件，但是不包含后件，那么这个属性集合就不可能是内涵或者伪内涵，这有助于跳过一些不必要的计算过程。

3.1.1 理论依据

定义 3.1 给定形式背景 $K=(U,M,I)$，属性集合 B，$D \subseteq M$，且 $B<D$。若集合 $T=\{C \mid B<C<D, C \subseteq M\}$，则称 T 是属性集合 B 与属性集合 D 在序 $<$ 上的开区间，记为 $\langle B,D \rangle$。

定义 3.2 给定形式背景 $K=(U,M,I)$，属性集合 B，$B' \subseteq M$。若 $B<B'$ 且区间 $\langle B,B' \rangle$ 为空集，则称 B' 仅大于 B，记为 $B'>B$。

定义 3.3 给定形式背景 $K=(U,M,I)$，属性集合 B，$N \subseteq M$，$B<N$ 且 $N \not\supseteq B$，若任意的属性集合 $T \in \langle B,N \rangle$，都有 $T \supset B$，则称 N 非平凡仅大于 B，记为 $B \lessdot N$。

定义 3.4 给定形式背景 $K=(U,M,I)$ 与 K 上的主基 $J(K)$，蕴涵式 $C \rightarrow D$ $\in J(K)$。若属性集合 $T \subseteq M$ 当且仅当 $C \subseteq T$ 且 $D \not\subseteq T$ 时，称 T 与蕴涵式 $C \rightarrow D$ 不

相关。若 T 与主基 $J(K)$ 中任意一个蕴涵式不相关，则称 T 与 $J(K)$ 不相关。

定义 3.5[36]　设 $K=(U,M,I)$ 是一个形式背景，$Y\subseteq M$，满足

① $Y\neq f(g(Y))$（即 $Y\subset f(g(Y))$）；

② 对于每一个伪内涵 $Y_1\subset Y$ 都有 $f(g(Y_1))\subseteq Y$，则称 Y 是一个伪内涵。

定义 3.6[36]　设 $K=(U,M,I)$ 是一个形式背景，$Y_1,Y_2\subseteq M$。若 $g(Y_1)\subseteq g(Y_2)$，则称在 K 中 Y_2 值依赖于 Y_1，记作 $Y_1\rightarrow Y_2$，也称蕴涵式 $Y_1\rightarrow Y_2$ 在 K 中成立。

定义 3.7[105]　设 $K=(U,M,I)$ 是一个形式背景，则称值依赖集合 $\{B\rightarrow f(g(B))-B\,|\,B$ 是 K 的伪内涵$\}$ 是 K 的主基。

定义 3.8[36]　给定形式背景 $K=(U,M,I)$，蕴涵式集合 $J(K)$，蕴涵式 $C\rightarrow D\in J(K)$。若属性集合 $T\subseteq M$ 当且仅当 $C\not\subseteq T$ 或 $D\subseteq T$ 时，则称 T 与 $C\rightarrow D$ 相关。若 T 与 $J(K)$ 中所有的蕴涵式都相关，则称 T 与 $J(K)$ 相关。

根据概念格的值依赖理论，主基可以产生在形式背景中成立的全部值依赖，也即属性的蕴涵关系。由定义 3.5 可知，只要找出全部伪内涵即可得到形式背景的主基。定义 3.8 中属性集合与蕴涵式集合的相关性判断可以用于伪内涵的计算。

定义 3.9[105]　设 $K=(U,M,I)$ 是一个形式背景，$M=\{m_1,m_2,\cdots,m_n\}$，M 中的属性满足基本线性序关系（$m_1<m_2<\cdots<m_n$），则对于任意的 Y_1，$Y_2\subseteq M$，当且仅当存在 $m_i\in Y_2-Y_1$ 且 $Y_1\cap\{m_1,\cdots,m_{i-1}\}=Y_2\cap\{m_1,\cdots,m_{i-1}\}$ 时，称属性集合 Y_1 的字典序小于属性集合 Y_2 的字典序，记作 $Y_1<Y_2$。

定义 3.9 描述的属性集合字典序关系＜是 2^M 的一个线性序关系。可按照该字典序的关系逐个产生所有的属性集合，并逐个测试该属性集合是否是伪内涵或者内涵。

基于上述定义，有如下发现，可作为进一步改进属性探索算法的理论依据。

定理 3.1　给定形式背景 $K=(U,M,I)$ 与 K 上的主基 $J(K)$，任意蕴涵式 $C\rightarrow D\in J(K)$。若属性集合 T 与 $C\rightarrow D$ 不相关，则在 K 中 T 既不是内涵也不是伪内涵。

证明： 首先证明 T 不是内涵。由于 T 与 $C\rightarrow D$ 不相关，因此由定义 3.4 可知 $C\subseteq T$ 且 $D\not\subseteq T$。由性质 2.1 与性质 2.2 可知 $T\subseteq f(g(T))$，所以 $C\subseteq T\subseteq f(g(T))$。由 $C\subseteq T$ 和性质 2.1 与性质 2.2 可知 $g(T)\subseteq g(C)$，$f(g(c))\subseteq f(g(T))$。将 $f(g(C))\subseteq f(g(T))$ 两端同时减 C 得到 $f(g(C))-C\subseteq f(g(T))-C$。又因为 $C\rightarrow D\in J(K)$，所以 $f(g(C))-C=D$。因为 $D\not\subseteq T$，所以 $f(g(T))-C\not\subseteq T$，将式子两端同时加上集合 C 得 $f(g(T))\not\subseteq T\cup C$，因为 $C\subseteq T$，故 $f(g(T))\not\subseteq T$。由性质 2.1 与性质 2.2 可知 T 不是内涵。

再证明 T 不是伪内涵。由上述证明知 $f(g(T))\neq T$，即 T 满足定义 3.5 的条件①；

下面利用反证法说明 T 不满足定义 3.5 的条件②。假设 T 满足定义 3.5 的条件②，则任意伪内涵 $Y_1 \subset T$ 都必须满足 $f(g(Y_1)) \subseteq T$。由于 $C \rightarrow D \in J(K)$，所以 C 在 K 中是一个伪内涵。又因为 T 与 $C \rightarrow D$ 不相关，由定义 3.4 可知 $C \subseteq T$ 且 $D \nsubseteq T$。根据定义 3.7 有 $f(g(C)) - C = D \nsubseteq T$，所以 $f(g(C)) \nsubseteq T$。即，存在一个伪内涵 $C \subset T$ 不满足 $f(g(C)) \subseteq T$，与假设命题矛盾。所以在 K 中 T 不是伪内涵。证毕。

定理 3.1 表明如果属性集合与主基中任意一个蕴涵式不相关（也即包含蕴涵式前件，但是不包含这个蕴涵式后件），那么这个属性集合既不是内涵也不是伪内涵。因为在属性探索中只考虑是内涵或者伪内涵的属性集合，所以满足定理 3.1 的属性集合可以忽略不予计算。

引理 3.1 设 $K = (U, M, I)$ 是一个形式背景，对于任意的 Y_1，$Y_2 \subseteq M$。若 $Y_1 < Y_2$，则 $Y_2 \nsubseteq Y_1$。

证明：因为 $Y_1 < Y_2$，由定义 3.9 可知，存在 $m_i \in Y_2 - Y_1$ 且 $Y_1 \cap \{m_1, \cdots, m_{i-1}\} = Y_2 \cap \{m_1, \cdots, m_{i-1}\}$。若 $Y_2 \subseteq Y_1$，则 $m_i = Y_2 - Y_1 = \varnothing$，即不存在这样的 m_i，与 $Y_1 < Y_2$ 矛盾，所以 $Y_2 \nsubseteq Y_1$。

定理 3.2 给定形式背景 $K = (U, M, I)$ 与 K 上的主基 $J(K)$，对于任意蕴涵式 $B \rightarrow f(g(B)) - B \in J(K)$，若存在 B'，$N \subseteq M$，满足 $B' > B$ 且 B' 与 $J(K)$ 不相关，$B \lesssim N$ 且 N 与 $J(K)$ 相关。则在区间 $\langle B, \min(f(g(B)), N) \rangle$ 内，既不存在内涵也不存在伪内涵。

证明：因为 B' 与 $J(K)$ 不相关，由定理 3.1 知 B' 既不是内涵也不是伪内涵。

① 设 $f(g(B)) > N$，由定义 3.3 可知，对于任意的属性集合 $C \in \langle B, N \rangle$，都满足 $B \subseteq C$。因为 $C < N < f(g(B))$，所以由引理 3.1 可知 $f(g(B)) \nsubseteq C$，即 C 满足定义 3.4 的题设条件，所以由定理 3.1 可知 C 既不是内涵也不是伪内涵。由于 C 是区间 $\langle B, N \rangle$ 内任意的属性集合，因此在区间 $\langle B, N \rangle$ 内，既不存在内涵也不存在伪内涵。

② 设 $N > f(g(B))$，由区间定义可知 $\langle B, f(g(B)) \rangle \subset \langle B, N \rangle$。由定义 3.3 可知，对于任意的属性集合 $C \in \langle B, f(g(B)) \rangle$，都满足 $B \subseteq C$。因为 $C < f(g(B))$，所以由引理 3.1 可知 $f(g(B)) \nsubseteq C$，即 C 满足定义 3.4 的题设条件，所以由定理 3.1 可知 C 既不是内涵也不是伪内涵。由于 C 是区间 $\langle B, f(g(B)) \rangle$ 内任意的属性集合，因此在区间 $\langle B, f(g(B)) \rangle$ 内，既不存在内涵也不存在伪内涵。

③ 设 $N = f(g(B))$，因为字典序是一个线性序，所以 $N \subseteq f(g(B))$，$f(g(B)) \subseteq N$。由定义 3.3 可知，对于任意的属性集合 $C \in \langle B, N \rangle$，都满足 $B \subseteq C$。因为 $C < N = f(g(B))$，所以由引理 3.1 可知 $f(g(B)) \nsubseteq C$，即 C 满足定义 3.4 的题设条件，所以由定理 3.1 可知 C 既不是内涵也不是伪内涵。由于 C 是区间 $\langle B, N \rangle$ 内任意的属性集合，因此在区间 $\langle B, N \rangle$ 内，既不存在内涵也不存在伪内涵。证毕。

定理 3.2 表明对于主基中的任何一个蕴涵式，通过计算蕴涵式前件属性集合的仅大于属性集合的不相关性，以及非平凡仅大于属性集合的相关性，可以得到一个既不存在内涵也不存在伪内涵的属性集合区间。这为在以字典序遍历并判断属性集是否为伪内涵或内涵时，忽略前述这些属性集合区间的计算，提供了理论依据。

定理 3.3 给定形式背景 $K=(U,M,I)$ 与 K 上的主基 $J(K)$，$T \subseteq M$，蕴涵式集合 $J_{<T}(K)=\{C \rightarrow D \,|\, C \rightarrow D \in J(K)$ 且 $C<T\}$。若属性集合 T 与 $J_{<T}(K)$ 相关，则 T 与 $J(K)$ 相关。

证明：由题干可知 $J_{<T}(K) \subseteq J(K)$，因为 T 与 $J_{<T}(K)$ 相关，所以对于任意的 $C \rightarrow D \in J_{<T}(K)$，都满足 $C \not\subseteq T$ 或 $D \subseteq T$；又因为对于任意的 $E \rightarrow F \in J(K)- J_{<T}(K)$，都满足 $T<E$，所以由引理 3.1 可知 $E \not\subseteq T$，所以 T 满足定义 3.8 的条件，即 T 与 $J(K)-J_{<T}(K)$ 相关。又因为 T 与 $J_{<T}(K)$ 相关，所以 T 与 $J(K)$ 相关。证毕。

定理 3.3 表明给定一个形式背景与主基，若某个属性集合与主基中小于其字典序的蕴涵式都相关，则该属性集合与主基相关。即某个属性集合与主基相关的必要条件是该属性集合与主基中小于其字典序的蕴涵式都相关。在属性探索算法中，在以字典序遍历属性集合时，只需要考虑此属性集合是否与当前的部分主基相关，不需要考虑其字典序之后的蕴涵式。定理 3.3 为在属性探索中判断属性集合与主基是否相关提供了理论依据。

3.1.2 属性探索算法改进

本节在上述定义及定理的基础上，设计了一种基于不相关属性集合的属性探索算法（AEUS）。该算法在以字典序遍历测试属性集合是否为内涵或伪内涵时，利用定理 3.2，直接跳过与主基不相关的属性集合。算法描述如算法 3.1 所示。

▫ **算法 3.1 AEUS 算法描述**

输入：属性集 M，专家脑中关于属性依赖是否成立的判定（在运行中交互）
输出：主基 $J_i(K)$，内涵集合 $C_i(K)$
BEGIN
01 $J_0(K):=\varnothing;C_0(K):=\varnothing;K_0:=\varnothing;U_0:=\varnothing;B_0:=\varnothing;$
02 FLAG=FALSE
03 WHILE($B_i \neq M$)
04   在 K_i 中计算 $f(g(B_i))$
05   问专家 $B_i \rightarrow f(g(B_i))-B_i$ 在 K 中是否成立
06   IF 不成立，专家给出反例 u_i
07      $U_{i+1}:=U_i \bigcup u_i$
08      $B_{i+1}:=B_i$

09	$J_{i+1}(K):=J_i(K)$
10	$C_{i+1}(K):=C_i(K)$
11	$K_{i+1}:=K(U_{i+1},M,I)$
12	ELSE
13	$K_{i+1}:=K_i$
14	IF$(f(g(B_i))\neq B_i)$
15	FLAG=TRUE
16	$C_{i+1}(K):=C_i(K)$
17	$J_{i+1}(K):=J_i(K)\bigcup(B_i\to f(g(B_i))-B_i)$
18	ELSE
19	$J_{i+1}(K):=J_i(K)$
20	$C_{i+1}(K):=C_i(K)\bigcup(B_i)$
21	END IF
22	$B':=$仅大于B_i的属性集合
23	IF$(B'$与$J(K)$相关)THEN
24	$B_{i+1}:=B'$
25	ELSE
26	IF(FLAG)THEN
27	$B_{i+1}:=$findNextB$(B_i,J_{i+1}(K))$
28	ELSE
29	$B_{i+1}:=$findNextB$(B',J_{i+1}(K))$
30	END IF
31	END IF
32	END IF
33	END WHILE
34	END

算法初始时，形式背景为空，主基为空，内涵集为空。然后不断以字典序产生要测试的属性集，询问专家以该属性集为前件的蕴涵式是否成立。如果不成立，则在形式背景中添加一个反例并重新计算。如果成立，则判断该属性集是内涵还是伪内涵。如果是伪内涵，则产生以该伪内涵为前件的蕴涵式并加入主基中。如果不是伪内涵，根据概念格的值依赖与属性集合相关性理论，其必然是内涵，则将该属性集加入内涵集。然后按字典序产生下一个待测试的属性集，此过程中将利用定理3.2的理论依据，直接跳过不需要测试的集合。算法具体步骤的分析如下：

AEUS 算法的第 4～5 行，算法在形式背景 K_i 中计算 $f(g(B_i))$，并以此生成蕴涵关系式 $B_i\to f(g(B_i))-B_i$ 与领域专家进行交互问答。第 6～7 行，专家判断上述蕴涵式不成立，并根据自己拥有的知识体系，提供一个反例加入形式背景 K_i 中，得到形式背景 K_{i+1}。由于形式背景发生了改变，所以需要令 $B_{i+1}:=B_i$，重新计算 $f(g(B_i))$。第 14～31 行是专家判断蕴涵关系式成立时的处理过程。第 14 行判断 B_i 是否为伪内涵，若 $f(g(B_i))\neq B_i$，则说明 B_i 是伪内涵，将蕴涵关系式加入主基。第 18～19 行说明 B_i 是内涵，将 B_i 加入内涵集合。至此算法对 B_i 的探索已经完成。算法 22～31 行是算法根据 B_i 与当前的主基，计算下一个需要探索的属性集合 B_{i+1}。首先计算出字典序中仅大于 B_i 的属性集合 B'，由定义 3.2 知区间 $\langle B_i, B' \rangle = \varnothing$，如果 B' 与 $J_i(K)$ 相关，由定理 3.3 可知 B' 与主基相关，则 $B_{i+1} = B'$。若 B' 与当前主基不相关，则利用定理 3.2，跳过某个属性区间，从而得到 B_{i+1}。

⊟ **算法 3.2　findNextB 算法**

输入：属性集合 B_i，主基 $J(K)$

输出：下一个属性集合 B_{i+1}

01　$T := \bigcup f(g(B_i))$

02　$N :=$ 非平凡仅大于 B_i 的属性集合

03　WHILE(N 与 $J(K)$ 不相关)

04　　$N :=$ 非平凡仅大于 N 的属性集合

05　　$T := \bigcup f(g(N))$

06　　把 T 添加到 TArray 中

07　END WHILE

08　IF(TArray!=null) THEN

09　　$T := \min(\text{TArray})$

10　END IF

11　IF($T > N$)THEN

12　RETURN N ELSE

13　RETURN T

14　END IF

END

---

　　findNextB 算法是利用定理 3.2 计算 B_{i+1} 的过程。算法第 1 行，T 是 B_i 与所有子集在形式背景中经过 f 运算与 g 运算后的并集。算法第 2 行，计算出非平凡仅大于 B_i 的属性集合 N。根据定理 3.2 跳过区间 $\langle B_i, B_{i+1} \rangle$ 内的属性集合，从而计算出 B_{i+1}。

　　设形式背景的规模是 $m \times n$，在 AEUS 算法每个 B_i 都需要遍历一次形式背景来计算 $f(g(B_i))$，所以对于每个 B_i 来说，时间复杂度为 $O(m \times n)$。findNextB 算法在计算 B_{i+1} 时每次最坏的情况需要计算 n 次 N，而每次判断 N 是否与主基相关需要遍历主基。因为主基的规模与 m 和 n 相关，但这个关系不是很明确，所以设主基的规模为 P，则每次计算 N 的时间复杂度是 $O(n \times P)$，又因为计算 T 需要遍历主基，而且规模为 $m \times n$ 的形式背景中有 n 个 N，所以 findNextB 算法最坏的时间复杂度为 $O(n \times n \times P \times P)$，最好的情况下每次仅需计算一次 N，即时间复杂度为 $O(n \times P \times P)$。所以 AEUS 算法最坏的时间复杂度为 $O(m \times n \times n \times n \times P \times P)$，最好的时间复杂度为 $O(m \times n \times n \times P \times P)$ 虽然本算法的时间复杂度与 P 相关，但是与传统属性探索算法相比，本章算法的时间复杂度远小于传统属性探索算法。

3.2 属性探索算法过程示例

本节通过一个示例来分别阐述文献［126］的属性探索算法（为方便阐述，本章将其记为 AERS 算法）与本章提出的 AEUS 算法的运行过程，重点对比上述两个算法在求解属性探索中 B_i 的下一个属性集合 B_{i+1} 过程中所需步骤的数量。给定形式背景 $K=(U,M,I)$，其中 $U=(1,2,3,4)$，$M=(a,b,c,d,e,f,g,h,i)$ 且 $a<b<c<d<e<f<g<h<i$。其中专家脑中的知识背景 K 如表 3-1 所列。

⊡ 表 3-1　形式背景 K

对象 ＼ 属性	a	b	c	d	e	f	g	h	i
1	0	0	1	1	1	1	1	0	0
2	0	0	0	0	0	0	1	0	1
3	0	0	1	1	1	0	1	0	0
4	1	1	1	1	0	0	0	1	0

3.2.1　AERS 算法过程示例

初始状态 $K_0=\varnothing$，$C_0(K)=\varnothing$，$J_0(K)=\varnothing$，$B_0=\varnothing$。

⊡ 表 3-2　形式背景 K₀

属性	a	b	c	d	e	f	g	h	i

① 在形式背景 K_0（见表 3-2）中 $f(g(\varnothing))=\{abcdefghi\}$，问专家 $\varnothing \rightarrow f(g(\varnothing))-\varnothing$ 即 $\varnothing \rightarrow abcdefghi$ 在 K 中是否成立。在 K 中 $g(\varnothing)=\{1,2,3,4\}$，$g(abcdefghi)=\varnothing$。因为 $\{1,2,3,4\} \nsubseteq \varnothing$，所以 $\varnothing \rightarrow abcdefghi$ 在 K 中不成立。从 K 中取出反驳蕴涵式 $\varnothing \rightarrow abcdefghi$ 成立的反例对象 1，将其加入形式背景 K_0，得到形式背景 K_1（见表 3-3），$C_1(K)=C_0(K)$，$B_1=B_0$，$J_1(K)=J_0(K)$。

⊡ 表 3-3　形式背景 K₁

对象 ＼ 属性	a	b	c	d	e	f	g	h	i
1	0	0	1	1	1	1	1	0	0

② 在形式背景 K_1 中 $f(g(\varnothing))=\{cdefg\}$，问专家 $\varnothing \rightarrow f(g(\varnothing))-\varnothing$ 即 $\varnothing \rightarrow cdefg$ 在 K 中是否成立。在 K 中 $g(\varnothing)=\{1,2,3,4\}$，$g(cdefg)=\{1\}$。因为 $\{1,$

$2,3,4\} \nsubseteq \{1\}$，所以Ø→$cdefg$ 在 K 中不成立。从 K 中取出反驳蕴涵式Ø→$cdefg$ 成立的反例对象 2，将其加入形式背景 K_1，得到形式背景 K_2（见表3-4），$C_2(K)=C_1(K)$，$B_2=B_1$，$J_2(K)=J_1(K)$。

□ 表3-4　形式背景 K_2

对象 \ 属性	a	b	c	d	e	f	g	h	i
1	0	0	1	1	1	1	1	0	0
2	0	0	0	0	0	0	1	0	1

③ 在形式背景 K_2 中 $f(g(\varnothing))=\{g\}$，问专家Ø→$f(g(\varnothing))-\varnothing$ 即Ø→g 在 K 中是否成立。在 K 中 $g(\varnothing)=\{1,2,3,4\}$，$g(g)=\{1,2,3\}$。因为 $\{1,2,3,4\}\nsubseteq\{1,2,3\}$，所以Ø→$g$ 在 K 中不成立。从 K 中取出反驳蕴涵式Ø→g 成立的反例对象 4，将其加入形式背景 K_2，得到形式背景 K_3（见表3-5），$C_3(K)=C_2(K)$，$B_3=B_2$，$J_3(K)=J_2(K)$。

□ 表3-5　形式背景 K_3

对象 \ 属性	a	b	c	d	e	f	g	h	i
1	0	0	1	1	1	1	1	0	0
2	0	0	0	0	0	0	1	0	1
4	1	1	1	1	0	0	0	1	0

④ 在形式背景 K_3 中 $f(g(\varnothing))=\{\varnothing\}$，问专家Ø→$f(g(\varnothing))-\varnothing$ 即Ø→Ø在 K 中是否成立。在 K 中 $g(\varnothing)=\{1,2,3,4\}$，$g(\varnothing)=\{1,2,3,4\}$。因为 $\{1,2,3,4\}=\{1,2,3,4\}$，所以Ø→Ø在 K 中成立。又因为 $f(g(\varnothing))=\varnothing$，所以Ø为内涵，$C_4(K)=C_3(K)\bigcup\varnothing$，$K_4=K_3$，$J_4(K)=J_3(K)$，计算 B_4。

⑤ Ø的下一个元素是 $\{i\}$，$\{i\}$ 与 $J_4(K)$ 相关，所以 $B_4=i$。

⑥ 在形式背景 K_4 中 $f(g(i))=\{ig\}$，问专家 i→$f(g(i))-i$ 即 i→g 在 K 中是否成立。在 K 中 $g(i)=\{1\}$，$g(g)=\{1,2,3\}$。因为 $\{1\}\subseteq\{1,2,3\}$，所以 i→g 在 K 中成立。又因为 $f(g(i))=\{ig\}\neq i$，所以 i 为伪内涵，$C_5(K)=C_4(K)$，$K_5=K_4$，$J_5(K)=J_4(K)\bigcup\{i→g\}$，计算 B_5。

⑦ i 的下一个元素是 $\{h\}$，$\{h\}$ 与 $J_5(K)$ 相关，所以 $B_5=h$。

⑧ 在形式背景 K_5 中 $f(g(h))=\{abcdh\}$，问专家 h→$f(g(h))-h$ 即 h→$abcd$ 在 K 中是否成立。在 K 中 $g(h)=\{4\}$，$g(abcd)=\{4\}$。因为 $\{4\}=\{4\}$，所以 h→$abcd$ 在 K 中成立。又因为 $f(g(h))=\{abcdh\}\neq h$，所以 h 为伪内涵，$C_6(K)=C_5(K)$，$K_6=K_5$，$J_6(K)=J_5(K)\bigcup\{h→abcd\}$，计算 B_6。

⑨ h 的下一个元素是 $\{hi\}$，$\{hi\}$ 与 $J_6(K)$ 不相关；hi 的下一个元素是 $\{g\}$，$\{g\}$ 与 $J_6(K)$ 相关，所以 $B_6=g$。

⑩ 在形式背景 K_6 中 $f(g(g))=\{g\}$，问专家 $g\to f(g(g))-g$ 即 $g\to\varnothing$ 在 K 中是否成立。在 K 中 $g(g)=\{1,2,3\}$，$g(\varnothing)=\{1,2,3,4\}$。因为 $\{1,2,3\}\subseteq\{1,2,3,4\}$，所以 $g\to\varnothing$ 在 K 中成立。又因为 $f(g(g))=\{g\}=g$，所以 g 为内涵，$C_7(K)=C_6(K)\bigcup\{g\}$，$K_7=K_6$，$J_7(K)=J_6(K)$，计算 B_7。

⑪ g 的下一个元素是 $\{gi\}$，$\{gi\}$ 与 $J_7(K)$ 相关，所以 $B_7=gi$。

⑫ 在形式背景 K_7 中 $f(g(gi))=\{gi\}$，问专家 $gi\to f(g(gi))-gi$ 即 $gi\to\varnothing$ 在 K 中是否成立。在 K 中 $g(gi)=\{2\}$，$g(\varnothing)=\{1,2,3,4\}$。因为 $\{2\}\subseteq\{1,2,3,4\}$，所以 $gi\to\varnothing$ 在 K 中成立。又因为 $f(g(gi))=\{gi\}=gi$，所以 gi 为内涵，$C_8(K)=C_7(K)\bigcup\{gi\}$，$K_8=K_7$，$J_8(K)=J_7(K)$，计算 B_8。

⑬ gi 的下一个元素是 $\{gh\}$，$\{gh\}$ 与 $J_8(K)$ 不相关；gh 的下一个元素是 $\{ghi\}$，$\{ghi\}$ 与 $J_8(K)$ 不相关；ghi 的下一个元素是 $\{f\}$，$\{f\}$ 与 $J_8(K)$ 相关，所以 $B_8=f$。

⑭ 在形式背景 K_8 中 $f(g(f))=\{cdefg\}$，问专家 $f\to f(g(f))-f$ 即 $f\to cdeg$ 在 K 中是否成立。在 K 中 $g(f)=\{1\}$，$g(cdeg)=\{1,3\}$。因为 $\{1\}\subseteq\{1,3\}$，所以 $f\to cdeg$ 在 K 中成立。又因为 $f(g(f))=\{cdeg\}\neq f$，所以 f 为伪内涵，$C_9(K)=C_8(K)$，$K_9=K_8$，$J_9(K)=J_8(K)\bigcup\{f\to cdeg\}$，计算 B_9。

⑮ f 的下一个元素是 $\{fi\}$，$\{fi\}$ 与 $J_9(K)$ 不相关；fi 的下一个元素是 $\{fh\}$，$\{fh\}$ 与 $J_9(K)$ 不相关；fh 的下一个元素是 $\{fhi\}$，$\{fhi\}$ 与 $J_9(K)$ 不相关；fhi 的下一个元素是 $\{fg\}$，$\{fg\}$ 与 $J_9(K)$ 不相关；fg 的下一个元素是 $\{fgi\}$，$\{fgi\}$ 与 $J_9(K)$ 不相关；fgi 的下一个元素是 $\{fgh\}$，$\{fgh\}$ 与 $J_9(K)$ 不相关；fgh 的下一个元素是 $\{fghi\}$，$\{fghi\}$ 与 $J_9(K)$ 不相关；$fghi$ 的下一个元素是 $\{e\}$，$\{e\}$ 与 $J_9(K)$ 相关，所以 $B_9=e$。即区间 $\langle f,e\rangle$ 与 $J_9(K)$ 不相关，$\{e\}$ 与 $J_9(K)$ 相关。

⑯ 在形式背景 K_9 中 $f(g(e))=\{cdefg\}$，问专家 $e\to f(g(e))-e$ 即 $e\to cdfg$ 在 K 中是否成立。在 K 中 $g(e)=\{1,3\}$，$g(cdfg)=\{1\}$。因为 $\{1,3\}\nsubseteq\{1\}$，所以 $e\to cdfg$ 在 K 中不成立。从 K 中取出反驳蕴涵式 $e\to cdfg$ 成立的反例对象 3，将其加入形式背景 K_9，得到形式背景 K_{10}，如表 3-6 所列。

▫ 表3-6 形式背景 K_{10}

属性 对象	a	b	c	d	e	f	g	h	i
1	0	0	1	1	1	1	1	0	0
2	0	0	0	0	0	0	1	0	1

对象＼属性	a	b	c	d	e	f	g	h	i
4	1	1	1	1	0	0	0	1	0
3	0	0	1	1	1	0	1	0	0

⑰ 在形式背景 K_{10} 中 $f(g(e))=\{cdeg\}$，问专家 $e \rightarrow f(g(e))-e$ 即 $e \rightarrow cdg$ 在 K 中是否成立。在 K 中 $g(e)=\{1,3\}$，$g(cdeg)=\{1,3\}$。因为 $\{1,3\}=\{1,3\}$，所以 $e \rightarrow cdeg$ 在 K 中成立。又因为 $f(g(e))=\{cdeg\} \neq e$，所以 e 为伪内涵，$C_{10}(K)=C_9(K)$，$K_{10}=K_9$，$J_{10}(K)=J_9(K) \bigcup \{e \rightarrow cdg\}$。

⑱ AERS 算法计算 B_{i+1} 的过程如表 3-7 所列。

▣ 表3-7　AERS 计算 B_{i+1} 的过程

i	B_{i+1}
09	区间 $\langle e,d \rangle$ 内属性集合都与 $J_{10}(K)$ 不相关，$\{d\}$ 与 $J_{10}(K)$ 相关，所以 $B_{10}=d$。
10	区间 $\langle d,c \rangle$ 内属性集合都与 $J_{11}(K)$ 不相关，$\{c\}$ 与 $J_{11}(K)$ 相关，所以 $B_{11}=c$。
11	区间 $\langle c,cd \rangle$ 内属性集合都与 $J_{12}(K)$ 不相关，$\{cd\}$ 与 $J_{12}(K)$ 相关，所以 $B_{12}=cd$。
12	区间 $\langle cd,cdg \rangle$ 内属性集合都与 $J_{13}(K)$ 不相关，$\{cdg\}$ 与 $J_{13}(K)$ 相关，所以 $B_{13}=cdg$。
13	区间 $\langle cdg,cdeg \rangle$ 内属性集合都与 $J_{14}(K)$ 不相关，$\{cdeg\}$ 与 $J_{14}(K)$ 相关，所以 $B_{14}=cdeg$。
14	$\{cdegi\}$ 与 $J_{15}(K)$ 相关，所以 $B_{15}=cdegi$。
15	区间 $\langle cdegi,cdefg \rangle$ 内属性集合都与 $J_{16}(K)$ 不相关，$\{cdefg\}$ 与 $J_{16}(K)$ 相关，所以 $B_{16}=cdefg$。
16	区间 $\langle cdefg,b \rangle$ 内属性集合都与 $J_{17}(K)$ 不相关，$\{b\}$ 与 $J_{17}(K)$ 相关，所以 $B_{17}=b$。
17	区间 $\langle b,a \rangle$ 内属性集合都与 $J_{18}(K)$ 不相关，$\{a\}$ 与 $J_{18}(K)$ 相关，所以 $B_{18}=a$。
18	区间 $\langle a,abcdh \rangle$ 内属性集合都与 $J_{19}(K)$ 不相关，$\{abcdh\}$ 与 $J_{19}(K)$ 相关，所以 $B_{19}=abcdh$。
19	区间 $\langle abcdh,abcdegh \rangle$ 内属性集合都与 $J_{20}(K)$ 不相关，$\{abcdegh\}$ 与 $J_{20}(K)$ 相关，所以 $B_{20}=abcdegh$。
20	区间 $\langle abcdegh,abcdefghi \rangle$ 内属性集合都与 $J_{21}(K)$ 不相关，$\{abcdefghi\}$ 与 $J_{21}(K)$ 相关，所以 $B_{21}=abcdefghi$。
21	结束

由上述过程，可以看出 AERS 算法中区间内属性集合的数量非常多。因为该算法需要遍历较多的属性集合，所以该算法时间复杂度高。

3.2.2　AEUS 算法过程示例

由于 AEUS 算法与 AERS 算法的计算情形从步骤①～步骤⑭均相同，因此省略该步骤，从步骤⑤开始讨论。

⑤ Ø 的下一个元素 $B'=\{i\}$，B' 与 $J_4(K)$ 相关，所以 $B_4=i$。

⑥ 在形式背景 K_4 中 $f(g(i))=\{ig\}$，问专家 $i\rightarrow f(g(i))-i$ 即 $i\rightarrow g$ 在 K 中是否成立。在 K 中 $g(i)=\{1\}$，$g(g)=\{1,2,3\}$。因为 $\{1\}\subseteq\{1,2,3\}$，所以 $i\rightarrow g$ 在 K 中成立。又因为 $f(g(i))=\{ig\}\neq i$，所以 i 为伪内涵，$C_5(K)=C_4(K)$，$K_5=K_4$，$J_5(K)=J_4(K)\bigcup\{i\rightarrow g\}$，计算 B_5。

⑦ i 的下一个元素 $B'=\{h\}$，B' 与 $J_5(K)$ 相关，所以 $B_5=h$。

⑧ 在形式背景 K_5 中 $f(g(h))=\{abcdh\}$，问专家 $h\rightarrow f(g(h))-h$ 即 $h\rightarrow abcd$ 在 K 中是否成立。在 K 中 $g(h)=\{4\}$，$g(abcd)=\{4\}$。因为 $\{4\}=\{4\}$，所以 $h\rightarrow abcd$ 在 K 中成立。又因为 $f(g(h))=\{abcdh\}\neq h$，所以 h 为伪内涵，$C_6(K)=C_5(K)$，$K_6=K_5$，$J_6(K)=J_5(K)\bigcup\{h\rightarrow abcd\}$，计算 B_6。

⑨ h 字典序下一个元素 $B'=\{hi\}$，B' 与 $J_6(K)$ 不相关，计算 $T=abcdh$，$N=g$，因为 $T>N$，所以 $B_6=g$。

⑩ 在形式背景 K_6 中 $f(g(g))=\{g\}$，问专家 $g\rightarrow f(g(g))-g$ 即 $g\rightarrow$Ø 在 K 中是否成立。在 K 中 $g(g)=\{1,2,3\}$，$g(\varnothing)=\{1,2,3,4\}$。因为 $\{1,2,3\}\subseteq\{1,2,3,4\}$，所以 $g\rightarrow$Ø 在 K 中成立。又因为 $f(g(g))=\{g\}=g$，所以 g 为内涵，$C_7(K)=C_6(K)\bigcup\{g\}$，$K_7=K_6$，$J_7(K)=J_6(K)$，计算 B_7。

⑪ g 的下一个元素 $B'=\{gi\}$，B' 与 $J_7(K)$ 相关，所以 $B_7=gi$。

⑫ 在形式背景 K_7 中 $f(g(gi))=\{gi\}$，问专家 $gi\rightarrow f(g(gi))-gi$ 即 $gi\rightarrow$Ø 在 K 中是否成立。在 K 中 $g(gi)=\{2\}$，$g(\varnothing)=\{1,2,3,4\}$。因为 $\{2\}\subseteq\{1,2,3,4\}$，所以 $gi\rightarrow$Ø 在 K 中成立。又因为 $f(g(gi))=\{gi\}=gi$，所以 gi 为内涵，$C_8(K)=C_7(K)\bigcup\{gi\}$，$K_8=K_7$，$J_8(K)=J_7(K)$，计算 B_8。

⑬ gi 的下一个元素 $B'=\{gh\}$，B' 与 $J_8(K)$ 不相关，计算 $T=abcdgh$，$N=f$。因为 $N<T$，所以 $B_8=N=f$。

⑭ 在形式背景 K_8 中 $f(g(f))=\{cdefg\}$，问专家 $f\rightarrow f(g(f))-f$ 即 $f\rightarrow cdeg$ 在 K 中是否成立。在 K 中 $g(f)=\{1\}$，$g(cdeg)=\{1,3\}$。因为 $\{1\}\subseteq\{1,3\}$，所以 $f\rightarrow cdeg$ 在 K 中成立。又因为 $f(g(f))=\{cdeg\}\neq f$，所以 f 为伪内涵，$C_9(K)=C_8(K)$，$K_9=K_8$，$J_9(K)=J_8(K)\bigcup\{f\rightarrow cdeg\}$，计算 B_9。

⑮ f 的下一个元素 $B'=\{fi\}$，$\{fi\}$ 与 $J_9(K)$ 不相关，计算 $T=cdefg$，$N=e$，因为 $T>e$，所以 $B_9=e$。

⑯ 在形式背景 K_9 中 $f(g(e))=\{cdefg\}$，问专家 $e\rightarrow f(g(e))-e$ 即 $e\rightarrow cdfg$ 在 K 中是否成立。在 K 中 $g(e)=\{1,3\}$，$g(cdfg)=\{1\}$。因为 $\{1,3\}\nsubseteq\{1\}$，所以 $e\rightarrow cdfg$ 在 K 中不成立。从 K 中取出反驳蕴涵式 $e\rightarrow cdfg$ 成立的反例对象 3，将其加入形式背景 K_9，得到形式背景 K_{10}，如表 3-8 所列。

⊡ 表 3-8　形式背景 K_{10}

属性 对象	a	b	c	d	e	f	g	h	i
1	0	0	1	1	1	1	1	0	0
2	0	0	0	0	0	0	1	0	1
4	1	1	1	1	0	0	0	1	0
3	0	0	1	1	1	0	1	0	0

⑰ 在形式背景 K_{10} 中 $f(g(e))=\{cdeg\}$，问专家 $e \rightarrow f(g(e))-e$ 即 $e \rightarrow cdg$ 在 K 中是否成立。在 K 中 $g(e)=\{1,3\}$，$g(cdeg)=\{1,3\}$。因为 $\{1,3\}=\{1,3\}$，所以 $e \rightarrow cdeg$ 在 K 中成立。又因为 $f(g(e))=\{cdeg\} \neq e$，所以 e 为伪内涵，$C_{10}(K)=C_9(K)$，$K_{10}=K_9$，$J_{10}(K)=J_9(K) \bigcup \{e \rightarrow cdg\}$。

⑱ AEUS 算法计算 B_{i+1} 的过程如表 3-9 所列。

⊡ 表 3-9　AEUS 计算 B_{i+1} 的过程

i	B_{i+1}
09	$B'=ei$，与 $J_{10}(K)$ 不相关，计算 $T=cdeg$，$N=d$，$T>d$，所以 $B_{10}=d$。
10	$B'=di$，与 $J_{11}(K)$ 不相关，计算 $T=cd$，$N=c$，$T>c$，所以 $B_{11}=c$。
11	$B'=ci$，与 $J_{12}(K)$ 不相关，计算 $T=cd$，$N=b$，$b>T$，所以 $B_{12}=cd$。
12	$B'=cdi$，与 $J_{13}(K)$ 不相关，计算 $TArray=\{cdgi,abcdh\}$，$N=cdg$，$TArray$ 最小的属性集合 $cdgi>cdg$，所以 $B_{13}=cdg$。
13	$B'=cdgi$，与 $J_{14}(K)$ 不相关，计算 $T=cdeg$，$N=b$，$T<b$，所以 $B_{14}=cdeg$。
14	$B'=cdegi$，与 $J_{15}(K)$ 相关，所以 $B_{15}=cdegi$
15	$B'=cdgh$，与 $J_{16}(K)$ 不相关，计算 $TArray=\{abcdeghi\}$，$N=cdefg$，$TArray$ 最小的属性集合 $cdefg<abcdeghi$，所以 $B_{16}=cdefg$。
16	$B'=cdefgi$，与 $J_{17}(K)$ 不相关，计算 $TArray=\{abcdefgh,abcdefghi\}$，$N=b$，$TArray$ 最小的属性集合 $abcdefgh>b$，所以 $B_{17}=b$。
17	$B'=bi$，与 $J_{18}(K)$ 不相关，计算 $T=abcdh$，$N=a$，$abcdh>a$，所以 $B_{18}=a$。
18	$B'=ai$，与 $J_{19}(K)$ 不相关，计算 $T=abcdh$，所以 $B_{19}=abcdh$。
19	$B'=abcdhi$，与 $J_{20}(K)$ 不相关，计算 $TArray=\{abcdegh,abcdefghi\}$，$TArray$ 最小的属性集合 $abcdegh$，所以 $B_{20}=abcdegh$。
20	$B'=abcdeghi$，与 $J_{21}(K)$ 不相关，计算 $TArray=\{abcdefghi\}$，$TArray$ 最小的属性集合 $abcdefghi$，所以 $B_{21}=abcdefghi$。
21	结束

从以上两个过程可以看出，AERS 算法在计算 B_{i+1} 时需要遍历属性集合 M 的

所有子集。当 M 比较大时，会导致算法的搜索空间十分庞大。AEUS 算法避免了逐个遍历属性集合的子集，从而减小算法搜索空间，达到节约算法运行时间的目的。

3.3　实验设计与分析

3.3.1　实验设计

为验证改进算法的性能，本章使用 JAVA 语言 MATH 库中 random 函数仿真生成一组形式背景作为测试数据。改进算法（AEUS）将与传统属性探索算法[116]（下文记为 TAE）、AERS 算法[126] 进行对比实验。实验设计分为三个方面，第一方面的实验为改变实验条件观察给定形式背景的蕴涵关系式数量；第二方面的实验为改变实验条件对上述三个算法耗时情况进行对比；第三方面的实验为改变实验条件，观察 AEUS 算法跳过属性集合的个数与总集合数目的比值。

在实验中以算法遍历形式背景的方式代替专家回答问题。算法以随机生成的形式背景为专家所拥有的知识，在判断蕴涵关系式是否成立时，遍历整个形式背景，如果形式背景中所有对象满足此条蕴涵式的蕴涵关系，则认为这条蕴涵式成立；否则认为该条蕴涵关系式不成立，在形式背景中取出一个对象作为反例提供给算法。上述三个算法均以此种方式代替专家回答，所以这不会影响实验对比结果。测试平台硬件为 3.4GHz 的 CPU 和 16GB 内存，操作系统为 Windows 10。

第一组实验设置形式背景具有相同的对象数目 50，属性数目从 0～30 以间隔为 5 的变化进行测试。测试目的是固定对象数目改变属性个数，观察蕴涵式数量的变化。测试结果如图 3-1 所示。

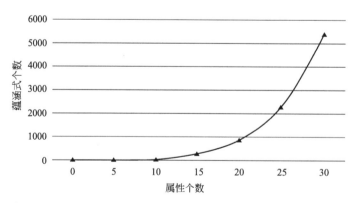

图 3-1　蕴涵式个数（对象个数：50）

第二组实验设置形式背景具有相同的属性数目 15, 对象数目从 0～300 以间隔为 50 的变化进行测试。测试目的是固定属性数目, 改变对象数目, 观察蕴涵式数量的变化。测试结果如图 3-2 所示。

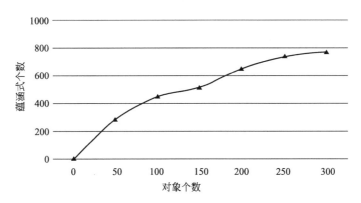

图 3-2 蕴涵式个数 (属性个数: 15)

第三组实验设置形式背景具有相同的对象数目 50, 属性数目从 0～30 以间隔为 5 的变化进行测试。测试目的是固定对象数目改变属性个数, 观察上述三种算法的耗时情况。测试结果如图 3-3 所示。

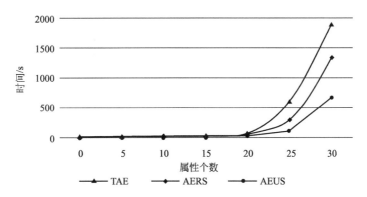

图 3-3 效率对比 (对象个数: 50)

第四组实验设置形式背景具有相同的属性数目 15, 对象数目从 0～300 以间隔为 50 的变化进行测试。测试目的是固定属性个数, 改变对象数目, 观察上述三种算法的耗时情况。测试结果如图 3-4 所示。

第五组实验设置形式背景属性与对象具有相等的数目, 数目从 0～30 以间隔为 5 的变化进行测试。测试目的是改变形式背景规模, 观察 AEUS 算法的优化效率。测试结果如图 3-5 所示。

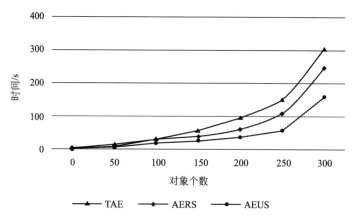

图 3-4 效率对比（属性个数：15）

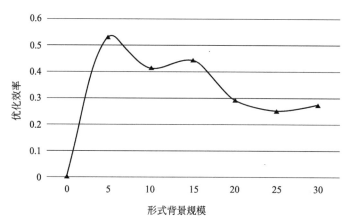

图 3-5 优化效率

3.3.2 实验分析

在第一组、第二组实验可以看出，给定形式背景，蕴涵关系式的个数随着属性、对象的个数增加而增加。同时对比 TAE、AERS 与 AEUS 算法得到的主基，发现这三个算法得到的结果是一致的，这两组实验也从侧面表明了 AEUS 算法的正确性。

第三组、第四组实验表明，不管是固定对象个数，改变属性个数，还是固定属性个数，改变对象个数，本章提出的改进算法的耗时都低于对比的两个算法，并且属性的数目越多，本章提出的算法节约的时间越明显。其中，在实验 3 中，当属性数目为 30 时，AEUS 算法耗时仅是 AERS 算法的 50%。在实验 4 中，当对象数目为 300 时，AEUS 算法耗时仅是 AERS 算法的 64%。第 5 组实验表明，AEUS 算法可以有效地减少属性探索算法计算下一个需要探索属性集合时的搜索空间，减少的属性集合数目在 25%～50%之间。综上可知，本章提出的 AEUS 算法可以有效地降低属性探索算法的时间复杂度。

小结

　　针对现有的属性探索算法需要逐个遍历字典序集合，造成时间复杂度高的问题，我们希望算法自动跳过某些不可能成为内涵或伪内涵的属性集合，从而降低算法的时间复杂度。研究发现，属性集合中存在一类与主基不相关的集合，这些集合包含主基中某个蕴涵式的前件，但不包含这个蕴涵式的后件，而且主基与内涵集合都不包含这类属性集合。本章将这种内在逻辑关系定义为不相关关系，进一步归纳总结出 3 个定理，并对提出的定理进行严谨的数学论证。最后根据定理提出了一种改进的属性探索算法（AEUS）。该算法借助上述定理，在计算属性探索算法下一个需要探索的属性集合时，自动跳过与主基不相关的属性集合，改进了属性探索算法最为耗时的一步，减少了算法的搜索空间。

第**4**章

RBAC角色探索算法的
自纠错机制研究

在 RBAC 角色工程方法中，基于概念格的角色探索方法虽然可以以主动交互询问的方式探索发现 RBAC 模型系统中的角色，但是该方法十分依赖于专家给出的答案。基于概念格的角色探索方法仅仅简单地接受专家给出的答案，不做进一步的校验。算法所拥有的知识均来源于某个领域专家。因此，该方法有着人为的不确定因素。如果专家无意地给出了一个错误答案，算法将其记入计算过程中，那么这个错误将会影响角色探索算法的可信度。又因为基于概念格的角色探索方法线性的特点，即使在算法结束前发现了错误，也无法中途改正错误，必须使算法初始化重新探索。上述问题阻碍了基于概念格的角色探索方法在可信度要求较高领域的应用。

为了便于本章研究，假定专家脑中的领域知识不存在错误，但是专家在回答的时候，因为疏忽或者其他技术性错误导致回答了一个与专家脑中正确知识相违背的答案。这个错误答案将影响算法后续知识发现的可信度。例如，专家在回答问题（拥有进入实验室权限的人是否都拥有打开保险柜的权限？）时说"不成立，举出反例对象甲（进入实验室权限，查看公司法务资料权限，进入公司核心机房权限）。"然而，实际上在专家的知识中，甲不具有进入公司核心机房权限，从而导致知识发现不可信，造成角色构建过程中出现不可逆转的错误。本章不讨论专家个体的内在知识错误时如何检错和纠错。

针对如何检测专家回答过程中是否存在由于个人疏忽导致的错误，可以通过问题重现或者变换问题形式的方式让专家再次回答问题，从而发现逻辑不一致的情况。同时本章发现，传统的基于概念格的角色探索方法得到的权限间蕴涵式集合与角色集合和专家给出的答案存在着内在的逻辑关系，如果某个蕴涵式的前件不包含某个专家给出的答案，则说明这个蕴涵关系式与专家给出的这个答案无关。同样地，如果角色集合中某个角色不包含某个专家给出的答案，则说明这个角色与专家给出的这个答案无关。对此，本章提出了一个自纠错的 RBAC 角色探索算法（Self-correcting RBAC role exploration algorithm，SREA）。利用逻辑蕴涵式的等值变换，将一个问题变换为多个等值的表达式，通过对比专家对于多个等值表达式的回答是否一致，从而发现专家给出的答案是否存在逻辑矛盾。在发现矛盾后，根据专家给出的答案与蕴涵式集合和角色集合的内在逻辑关系，计算出已得到的蕴涵式与角色集合中，需要删除和添加的元素，然后得到正确的权限间蕴涵式集合以及角色集合。

4.1 理论依据

4.1.1 基础定义定理

为方便阐述，首先做如下定义。

定义 4.1 给定形式背景 $K_1=(U_1,M_1,I_1)$，$K_2=(U_2,M_2,I_2)$，对于任意的 $u\in U_1\bigcap U_2$，$m\in M_1\bigcap M_2$，满足 $uI_1m\Leftrightarrow uI_2m$，则称形式背景 K_1、K_2 一致；如果满足 $u\overline{I_1}m\Leftrightarrow uI_2m$，则称形式背景 K_1、K_2 矛盾。

定义 4.2 形式背景 $K_1=(U_1,M,I_1)$，$K_2=(U_2,M,I_2)$，$m\in M$。若 $\forall u\in U_1$ 且 $\exists o\in U_2$，满足 $uI_1m\Leftrightarrow uI_2m$，$oI_2m\Leftrightarrow o\overline{I_1}m$，则称 K_1 是 K_2 的子形式背景，简称子背景。K_2 是 K_1 的全形式背景，简称全背景。

定义 4.3 给定形式背景 $K_1=(U_1,M,I_1)$，$K_2=(U_2,M,I_2)$。定义形式背景上的对象差运算 $K_1 \boxtimes K_2=P=(U_3,M,I_3)$，$K_2 \boxtimes K_1=Q=(U_4,M,I_4)$，其中 $U_3=\{u\,|\,u\in U_1\bigcap U_2,m\in M,u\overline{I_1}m\Leftrightarrow uI_2m,f_P(u)=f_{K_1}(u)\}$，$U_4=\{u\,|\,u\in U_1\bigcap U_2,m\in M,u\overline{I_2}m\Leftrightarrow uI_1m,f_Q(u)=f_{K_2}(u)\}$。称 P 为 K_1 相对于 K_2 的矛盾子背景，Q 为 K_2 相对于 K_1 的矛盾子背景。若 P 与 Q 的阶数均为 1，则称 K_1 与 K_2 为一阶矛盾形式背景。

定义 4.4 给定形式背景 $K_1=(U_1,M,I_1)$ 与 $K_2=(U_2,M,I_2)$ 为一阶矛盾形式背景。$P=(U_3,M,I_3)=K_1 \boxtimes K_2$，$Q=(U_4,M,I_4)=K_2 \boxtimes K_1$，对象 $u\in U_3$，$y\in U_4$，属性集合 $n=min\{\{b\,|\,b\subseteq f_P(u),b\in \Pi(K_1)\}$，$\{b\,|\,b\subseteq f_Q(y),b\in \Pi(K_2)\}\}$，称 n 为矛盾子背景中的最小伪内涵，记为 $\mathbb{P}(PQ)$。

基于上述定义，有如下发现，可作为自纠错的 RBAC 角色探索算法的理论依据。

推理 4.1 形式背景 $K_1=(U_1,M,I_1)$ 为 $K_2=(U_2,M,I_2)$ 的子形式背景，$B\subseteq M$，若 $f_{K_1}(g_{K_1}(B))=B$，则 $f_{K_2}(g_{K_2}(B))=B$。

证明：由定义 4.2 可知，如果形式背景 K_1 是形式背景 K_2 的子背景，那么 $\forall u\in U_1$ 且 $\exists o\in U_2$，$m\in M$ 满足 $uI_1m\Leftrightarrow uI_2m$，$oI_2m\Leftrightarrow o\overline{I_1}m$，所以 $g_{K_1}(B)\subseteq$

$g_{K_2}(B)$。又由性质 2.1 可知 $B \subseteq f_{K_2}(g_{K_2}(B)) \subseteq f_{K_1}(g_{K_1}(B))$，由题干可知 $f_{K_1}(g_{K_1}(B)) = B$，所以 $B \subseteq f_{K_2}(g_{K_2}(B)) \subseteq f_{K_1}(g_{K_1}(B)) = B$，$f_{K_2}(g_{K_2}(B)) = B$。证毕。

定理 4.1 形式背景 $K_1 = (U_1, M_1, I_1)$ 与 $K_2 = (U_2, M_2, I_2)$ 为一阶矛盾形式背景。$P = (U_3, M, I_3)$ 为 K_1 相对于 K_2 的矛盾子背景，对象 $u \in U_3$。K_1 上的内涵集合为 $C(K_1)$，K_2 上的内涵集合为 $C(K_2)$。若属性集合 $B \in C(K_1)$ 且 $B \cap f_P(u) \neq B$，则 $B \in C(K_2)$。

证明：因为 $B \in C(K_1)$，所以 $f_{K_1}(g_{K_1}(B)) = B$，又因为 $B \cap f_P(u) \neq B$，所以 $u \notin g_{K_1}(B)$，$f_{K_1}(g_{K_1}(B))$ 与对象 u 无关。不妨将形式背景 K_1 中的对象 u 减去，则减去对象 u 的形式背景 K_1 为 K_2 的子形式背景，由引理 4.1 可知 $f_{K_2}(g_{K_2}(B)) = B$，所以 $B \in C(K_2)$。证毕。

定理 4.1 表明在两个形式背景 $K_1 = (U_1, M_1, I_1)$ 与 $K_2 = (U_2, M_2, I_2)$ 是一阶矛盾形式背景的前提下，如果属性集合 B 在 K_1 上是内涵，并且该属性集合不是矛盾子背景对象所拥有的属性，那么属性集合 B 在 K_2 上也是内涵。所以当两个形式背景满足定理 4.1 条件时，可以判断出在两个形式背景上均成立的内涵。

定理 4.2 形式背景 $K_1 = (U_1, M_1, I_1)$ 与 $K_2 = (U_2, M_2, I_2)$ 为一阶矛盾形式背景。$P = (U_3, M, I_3) = K_1 \boxtimes K_2$，$Q = (U_4, M, I_4) = K_2 \boxtimes K_1$，$P$、$Q$ 上最小伪内涵 $n = \mathbb{P}(PQ)$，K_1 上的主基为 $J(K_1)$，K_2 上的主基为 $J(K_2)$。任意的蕴涵式 $B \rightarrow C \in J(K_1)$，若 $B < n$，则 $B \rightarrow C \in J(K_2)$。

证明：设对象 $u \in U_3$，$y \in U_4$，由定义 4.4 知 $f_P(u) \supseteq n$，$f_Q(y) \supseteq n$。由引理 3.1 可知 $n < f_P(u)$，$n < f_Q(y)$，又因为主基是以字典序排列的一个线性序，所以由 $f_P(u)$、$f_Q(y)$ 所诱导的蕴涵式的字典序，必大于由 n 诱导的蕴涵式。因为 $B < n$，所以 $B < f_P(u)$，$B < f_Q(y)$，由 $f_P(u)$、$f_Q(y)$ 所诱导的蕴涵式的字典序，必大于由 B 诱导的蕴涵式，所以 $f_P(u)$、$f_Q(y)$ 与由 B 诱导的蕴涵式无关。不妨将形式背景 K_1 中的对象 u 减去，将形式背景 K_2 中的对象 y 减去，则减去对象后的形式背景 $K_1 = K_2$。因为 $B \rightarrow C \in J(K_1)$，所以由概念格性质可知 $B \rightarrow C \in J(K_2)$。证毕。

推理 4.2 形式背景 $K_1 = (U_1, M_1, I_1)$ 与 $K_2 = (U_2, M_2, I_2)$ 为一阶矛盾形式背景。$P = (U_3, M, I_3) = K_1 \boxtimes K_2$，$Q = (U_4, M, I_4) = K_2 \boxtimes K_1$，$P$、$Q$ 上最小伪内涵 $n = \mathbb{P}(PQ)$，K_1 上的内涵为 $C(K_1)$，K_2 上的内涵为 $C(K_2)$。对任意的属性集合 $B \in C(K_1)$，若 $B < n$，则 $B \in C(K_2)$。

定理 4.2 表明，两个形式背景 $K_1 = (U_1, M_1, I_1)$ 与 $K_2 = (U_2, M_2, I_2)$ 是一阶矛盾形式背景的前提下，形式背景 K_1 的主基中蕴涵式前件，小于矛盾子背景最小伪内涵的蕴涵式，在形式背景 K_2 中也成立。

推理 4.2 表明两个形式背景 $K_1 = (U_1, M_1, I_1)$ 与 $K_2 = (U_2, M_2, I_2)$ 是一阶矛盾形式背景的前提下，形式背景 K_1 的内涵中，小于矛盾子背景最小伪内涵的元素，在形式背景 K_2 中也是内涵。

定理 4.3 形式背景 $K_1 = (U_1, M_1, I_1)$ 与 $K_2 = (U_2, M_2, I_2)$ 为一阶矛盾形式背景。$P = (U_3, M, I_3) = K_1 \boxtimes K_2$，$Q = (U_4, M, I_4) = K_2 \boxtimes K_1$，$P$、$Q$ 上最小伪内涵 $n = \mathbb{P}(PQ)$，对象 $u \in U_3$，$y \in U_4$，K_1 上的主基为 $J(K_1)$，K_2 上的主基为 $J(K_2)$。蕴涵式 $B \to C \in J(K_1)$（$n < B$）。若 $B \bigcap f(u) \neq B$ 且 $B \bigcap f(y) \neq B$，则 $B \to C \in J(K_2)$。

证明：因为 $B \bigcap f(u) \neq B$，所以 $u \notin g_{K_1}(B)$，$f_{K_1}(g_{K_1}(B))$ 与对象 u 无关。因为 $B \bigcap f(y) \neq B$，所以 $y \notin g_{K_2}(B)$，$f_{K_2}(g_{K_2}(B))$ 与对象 y 无关。不妨将形式背景 K_1 中的对象 u 减去，将形式背景 K_2 中的对象 y 减去，则减去对象 u 的形式背景 K_1 与减去对象 y 的形式背景 K_2 相等。又因为 $B \to C \in J(K_1)$，所以 $B \to C \in J(K_2)$。证毕。

推理 4.3 形式背景 $K_1 = (U_1, M_1, I_1)$ 与 $K_2 = (U_2, M_2, I_2)$ 为一阶矛盾形式背景。$P = (U_3, M, I_3) = K_1 \boxtimes K_2$，$Q = (U_4, M, I_4) = K_2 \boxtimes K_1$，$P$、$Q$ 上最小伪内涵 $n = \mathbb{P}(PQ)$，对象 $u \in U_3$，$y \in U_4$，K_1 上的内涵为 $C(K_1)$，K_2 上的内涵为 $C(K_2)$。属性集合 $B \in C(K_1)$（$n < B$）。若 $B \bigcap f(u) \neq B$ 且 $B \bigcap f(y) \neq B$，则 $B \in C(K_2)$。

定理 4.3 表明，两个形式背景 $K_1 = (U_1, M_1, I_1)$ 与 $K_2 = (U_2, M_2, I_2)$ 是一阶矛盾形式背景的前提下，若形式背景 K_1 的主基中蕴涵式前件，不包含矛盾子背景对象所拥有的属性，则在形式背景 K_2 中此条蕴涵式也成立。

推理 4.3 表明两个形式背景 $K_1 = (U_1, M_1, I_1)$ 与 $K_2 = (U_2, M_2, I_2)$ 是一阶矛盾形式背景的前提下，若在形式背景 K_1 的内涵中，不包含矛盾子背景中对象所拥有属性的集合，则该属性集合在形式背景 K_2 中也是内涵。

4.1.2　自纠错的 RBAC 角色探索算法框架

本节在上述定义及定理的基础上，基于属性探索算法问答的框架，设计了一个自纠错的 RBAC 角色探索算法。由属性探索算法机制可知，最终算法会从领域专家那里探索到一个形式背景。如果在探索过程中，专家没有提供与自身脑海中相悖的对象，那么算法得到的形式背景与专家脑中的形式背景相等。因此需要判定专家在角色探索过程中是否提供了与自身脑海中相悖的对象。本节在上述定义及定理的基础上，在传统角色探索算法与专家问答的框架中，加入检错模块，借助蕴涵式的等值变换，将一个蕴涵式变换为多个等价表达式，从而验证专家对于同一个问题的回答是否前后矛盾。例如，与蕴涵式 $A \to B$ 等价的命题集合为 $\daleth B \to \daleth A$ 与 $\daleth A \vee$

B。同时，根据本节提出的定理在传统角色探索算法中加入纠错模块。在发现专家错误后，自动地对角色、蕴涵式集合进行修正。算法框架如图 4-1 所示。角色探索的形式背景是由 RBAC 系统中的用户与权限组成。其中，用户在角色探索的形式背景中为对象，权限在角色探索的形式背景中为属性；与角色探索算法交互的专家为系统安全管理员。

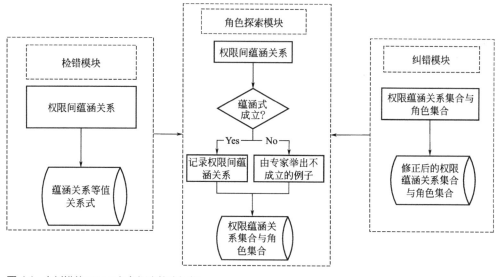

图 4-1 自纠错的 RBAC 角色探索算法框架

　　本章着眼于如何在 RBAC 角色探索过程中发现以及纠正由于专家疏忽造成的错误。假定专家的内在知识体系没有错误，在算法交互过程中专家的错误是由于个人疏忽大意而造成的。在自纠错的 RBAC 角色探索算法中将每个蕴涵式的等值式加入问题集合，通过多次交互，从而发现专家给出的答案是否前后矛盾。在发现专家前后矛盾后，再次向专家询问答案，算法认为专家此次提供的答案为正确答案，然后将其纳入算法计算内，检错算法如算法 4.1 所列。在角色探索专家给出正确答案后，如何在不将已得到的主基与内涵全部推翻的情况下，自动化找出主基与内涵中需要删除和添加的元素，纠错算法如算法 4.2 所列。其中，主基是角色探索形式背景上最小的权限间蕴涵关系集合，内涵是角色探索形式背景上的角色集合。

☐ **算法 4.1　Check 算法**

输入：属性集 M，专家脑中关于属性依赖是否成立的判定（在运行中交互）
输出：主基 $J_i(K)$，内涵集合 $C_i(K)$
BEGIN
01　$J_0(K):=\varnothing; C_0(K):=\varnothing; K_0:=\varnothing; U_0:=\varnothing; B_0:=\varnothing; D:=\varnothing;$
02　WHILE($B_i \neq M$)
03　在 K_i 中计算 $f_{K_i}(g_{K_i}(B))$

04	问专家 $B_i \to f_{K_i}(g_{K_i}(B)) - B_i$ 在 K 中是否成立?
05	IF 不成立,专家给出反例 u_i
06	$U_{i+1} := U_i \bigcup u_i$
07	$B_{i+1} := B_i$
08	$J_{i+1}(K) := J_i(K)$
09	$C_{i+1}(K) := C_i(K)$
10	$K_{i+1} := K(U_{i+1}, M, I)$
11	ELSE
12	$K_{i+1} := K_i$
13	IF$(f_{K_i}(g_{K_i}(B)) \neq B_i)$
14	$C_{i+1}(K) := C_i(K)$
15	$J_{i+1}(K) := J_i(K) \bigcup (B_i \to f_{K_i}(g_{K_i}(B)) - B_i)$
16	ELSE
17	$J_{i+1}(K) := J_i(K)$
18	$C_{i+1}(K) := C_i(K) \bigcup (B_i)$
19	END IF
20	END IF
21	将蕴涵等值式加入问题集合 D 同时记录等价问题与 B_i 的对应关系和专家对于这个问题的回答
22	$D := D \bigcup \{\neg B_i \bigvee (f_{K_i}(g_{K_i}(B)) - B_i)\}$
23	$D := D \bigcup \{\neg (f_{K_i}(g_{K_i}(B)) - B_i) \to \neg B_i\}$
24	任取集合 D 中某一个表达式 d_j 问专家是否成立并得到专家给出的答案
25	IF 专家给出的答案与 D 中记录 d_j 的答案不一致
26	$K_s := K_i$
27	重新询问专家问题 d_j 得到形式背景 K_o
28	$B_p :=$ 问题 d_j 对应字典序位置
29	$B_q := B_i$
30	$J(K_s) := J_i(K)$
31	$C(K_s) := C_i(K)$
32	CorrectingAlgorithm$(K_o, K_s, B_p, B_q, J(K_s), C(K_s))$
33	END IF
34	从集合 D 中移除已验证的元素 d_j
35	$B_{i+1} :=$ findNextB$(B_i, J_{i+1}(K))$
36	END WHILE
37	WHILE$(D \neq \varnothing)$
38	任取集合 D 中某一个表达式 d_j 问专家是否成立并得到专家给出的答案
39	IF 专家给出的答案与 D 中记录 d_j 的答案不一致
40	$K_s := K_i; B_q := B_i; J(K_s) := J_i(K); C(K_s) := C_i(K)$
41	重新询问专家问题 d_j 得到形式背景 K_o
42	$B_p :=$ 问题 d_j 对应字典序位置
43	CorrectingAlgorithm$(K_o, K_s, B_p, B_q, J(K_s), C(K_s))$
44	END IF
45	从集合 D 中移除已验证的元素 d_j
46	END WHILE
47	END

□ 算法 4.2　CorrectingAlgorithm 算法

输入:形式背景 K_s,形式背景 K_o,出错的字典序位置 B_p,检测出错误的字典序位置 B_q,K_s 上的主基 J (K_s),内涵集 $C(K_s)$

输出:修正后的主基 $J(K_o)$,内涵集 $C(K_o)$

$P=(U_3,M,I_3)=K_s \boxtimes K_o$,$Q=(U_4,M,I_4)=K_o \boxtimes K_s$,输入的形式背景 K_o 与 K_s 是一阶矛盾形式背景。 P、Q 中的最小伪内涵 $n=\mathbb{P}(PQ)$,对象 $u \in U_3$,$y \in U_4$。

BEGIN

01　$J(K_o):=\varnothing$;$C(K_o):=\varnothing$;$B:=B_p$

02　FOR each $c_i \in C(K_s)$

03　　IF$(c_i < n)$THEN

04　　　$C(K_o):=C(K_o) \bigcup c_i$

05　　END IF

06　END FOR

07　FOR each $a_i \rightarrow b_i \in J(K_s)$

08　　IF$(a_i < n)$THEN

09　　　$J(K_o):=J(K_o) \bigcup a_i \rightarrow b_i$

10　　END IF

11　END FOR

12　WHILE$(B < B_q)$

13　　IF$(B \in C(K_s))$

14　　　IF$(B \bigcap f(u) \neq B \&\& B \bigcap f(y) \neq B)$THEN

15　　　　$C(K_o):=C(K_o) \bigcup B$

16　　　　$B:=$findNextB$(B,J(K_o))$

17　　　　BREAK

18　　　ELSE

19　　　　重新计算

20　　　　$B:=$findNextB$(B,J(K_o))$

21　　　　BREAK

22　　　END IF

23　　ELSE

24　　　IF(以 B 为前件的蕴涵式属于 $J(K_s)$)THEN

25　　　　IF$(B \bigcap f(u) \neq B \&\& B \bigcap f(y) \neq B)$

26　　　　　将此条蕴涵式加入 $J(K_o)$

27　　　　　$B:=$findNextB$(B,J(K_o))$

28　　　　　BREAK

29　　　　ELSE

30　　　　　重新计算

31　　　　　$B:=$findNextB$(B,J(K_o))$

32　　　　　BREAK

33　　　　END IF

34　　　END IF

35　　重新计算

36　　$B:=$findNextB$(B,J(K_o))$

37　END WHILE

38　END

54 | 自动化访问控制技术 |

算法初始时，形式背景为空，主基为空，内涵集为空。然后不断以字典序产生要测试的属性集，询问专家以该属性集为前件的蕴涵式是否成立。如果不成立，则在形式背景中添加一个反例并重新计算。如果成立，则判断该属性集是内涵还是伪内涵。如果是伪内涵，则产生以该伪内涵为前件的蕴涵式并加入主基中。如果不是伪内涵，根据概念格的值依赖与属性集合相关性理论，其必然是内涵，则将该属性集加入内涵集。将该蕴涵式的等值关系式加入集合 D 中，从 D 中随机取出一个关系式 d_j 询问专家是否成立。然后验证在问题 d_j 与 d_j 对应的问题中专家给出的答案是否一致。若不一致，说明专家对于同一个问题的两次回答有误，然后利用本节提出的算法消除由于专家错误造成的影响。算法具体步骤分析如下：

Check 算法中第 3~4 行，算法在形式背景 K_i 中计算 $f_{K_i}(g_{K_i}(B))$，并以此生成蕴涵关系式 $B_i \rightarrow f_{K_i}(g_{K_i}(B)) - B_i$ 与领域专家进行交互问答。第 5~6 行，专家判断上述蕴涵式不成立，并根据自己拥有的知识体系，提供一个反例加入形式背景 K_i 中，得到形式背景 K_{i+1}。由于形式背景发生改变了，所以需要令 $B_{i+1} := B_i$，重新计算 $f_{K_i}(g_{K_i}(B))$。第 13~20 行是专家判断蕴涵关系式成立时的处理过程。第 13 行判断 B_i 是否为伪内涵，若 $f_{K_i}(g_{K_i}(B)) \neq B_i$，则说明 B_i 是伪内涵，所以将蕴涵关系式加入主基。第 17~18 行说明 B_i 是内涵，将 B_i 加入内涵集合。算法 21~23 行是将当前蕴涵式的等值式加入集合 D 中，算法 25~49 行是发现错误后对一些必要的变量赋值，然后调用 CorrectingAlgorithm 算法。其具体步骤分析如下：

CorrectingAlgorithm 算法开始时，令 $J(K_o)$ 与 $C(K_o)$ 为空集，下面算法将从 $J(K_s)$、$C(K_s)$ 中找出不需要重新计算的元素，分别加入 $J(K_o)$ 与 $C(K_o)$ 中。算法第 2~10 行利用定理 4.2 结论将蕴涵式与内涵直接加入 $J(K_o)$、$C(K_o)$ 中。算法第 13~40 行利用定理 4.1、定理 4.3 结论将符合条件的蕴涵式、内涵直接加入 $J(K_o)$、$C(K_o)$ 中，不符合条件的属性集合，在形式背景 K_o 中重新计算。其中，CorrectingAlgorithm 中调用的方法 findNextB，利用第 3 章中不相关性定义，以线性序的方式找出下一个需要考察的属性集合，保证了 CorrectingAlgorithm 算法的完备性。

4.2 自纠错的 RBAC 角色探索算法过程示例

本节通过一个示例来阐述自纠错的 RBAC 角色探索算法具体运行过程。形式背景 $K_o = (U_o, M, I)$，其中 $U_o = (1,2,3,4)$ 分别代表（某学院院长、教学院长、科研院长、教务主任），$M = \{a,b,c,d,e,f,g,h,i\}$ 分别代表招生信息管理、学生注册信息管理、在籍学生学籍管理、学生课程查看、学生课程制定与修改、学生课程管理、教师信息管理、毕业生就业信息管理、科研信息管理。形式背景 K_o 如表 4-1 所列，形式背景 $K_s=(U_s,M,I)$ 如表 4-2 所列。($a<b<c<d<e<f<g<h<i$)。

▫ **表 4-1 形式背景 K_o**

对象＼属性	a	b	c	d	e	f	g	h	i
1	0	0	1	1	1	1	1	0	0
2	0	0	0	0	0	0	1	0	1
3	0	0	1	1	1	0	1	0	0
4	1	1	1	1	0	0	0	1	0

▫ **表 4-2 形式背景 K_s**

对象＼属性	a	b	c	d	e	f	g	h	i
1	0	0	1	1	1	1	1	0	0
2	0	0	0	0	0	0	1	0	1
3	0	0	1	1	1	0	0	0	0
4	1	1	1	1	0	0	0	1	0

本章重点在于发现错误后如何纠错，检错部分为向传统基于概念格的角色探索算法中加入蕴涵式的等值式，这里不再阐述其过程。由以上给定信息可知 $u=3$ (cde)，$y=3$ ($cdeg$)，$B_p=e$，$B_q=b$。以下是利用 CorrectingAlgorithm 算法对主基与内涵进行修正。

① 角色探索算法的结果为：$J(K_s)=\{i\rightarrow g, h\rightarrow abcd, f\rightarrow cdeg, e\rightarrow cd, d\rightarrow c, c\rightarrow d, cdg\rightarrow ef, cedfgi\rightarrow abh\}$，$C(K_s)=\{\varnothing, g, gi, cd, cde, cdefg\}$。

② 将字典序在 B_p 之前的元素分别加入 $J(K_o)$、$C(K_o)$ 即 $J(K_o)=\{i\rightarrow g, h\rightarrow abcd, f\rightarrow cdeg\}$，$C(K_o)=\{\varnothing, g, gi\}$。

③ 算法开始 $B=B_p=e$。

④ 在 $J(K_s)$ 中存在蕴涵式以 e 为前件的蕴涵式 $e\rightarrow cd$，因为 $e\bigcap f(u)=e$，所以以 e 为前件的蕴涵式，需要重新计算。

⑤ 在 K_o 中 $f_{K_o}(g_{K_o}(e))=cdeg$，将 $e\rightarrow cdg$ 加入 $J(K_o)$ 中。

⑥ 利用相关性定义得到 e 下一个与 $J(K_o)$ 相关的属性集合 d，令 $B=d$。

⑦ 在 $J(K_s)$ 中存在蕴涵式以 d 为前件的蕴涵式 $d\rightarrow c$，因为 $d\bigcap f(u)=d$，

所以以 d 为前件的蕴涵式，需要重新计算。

⑧ 在 K_o 中 $f_{K_o}(g_{K_o}(d))=cd$，将 $d \to c$ 加入 $J(K_o)$ 中。

⑨ 利用相关性定义得到 d 下一个与 $J(K_o)$ 相关的属性集合 c，令 $B=c$。

⑩ 在 $J(K_s)$ 中存在蕴涵式以 c 为前件的蕴涵式 $c \to d$，因为 $c \bigcap f(u)=c$，所以以 c 为前件的蕴涵式，需要重新计算。

⑪ 在 K_o 中 $f_{K_o}(g_{K_o}(c))=cd$，将 $c \to d$ 加入 $J(K_o)$ 中。

⑫ 利用相关性定义得到 c 下一个与 $J(K_o)$ 相关的属性集合 cd，令 $B=cd$。

⑬ 在 $C(K_s)$ 中存在内涵 cd，因为 $cd \bigcap f(u)=cd$，所以属性集合 cd 需要重新计算。

⑭ 在 K_o 中 $f_{K_o}(g_{K_o}(cd))=cd$，所以 cd 将加入 $C(K_o)$。

⑮ 利用相关性定义得到 cd 下一个与 $J(K_o)$ 相关的属性集合 cdg，令 $B=cdg$。

⑯ 在 $J(K_s)$ 中存在蕴涵式以 cdg 为前件的蕴涵式 $cdg \to ef$，因为 $cdg \bigcap f(y)=cdg$，所以以 cdg 为前件的蕴涵式，需要重新计算。

⑰ 在 K_o 中 $f_{K_o}(g_{K_o}(cdg))=cdeg$，将 $cdg \to e$ 加入 $J(K_o)$ 中。

⑱ 利用相关性定义得到 cdg 下一个与 $J(K_o)$ 相关的属性集合 $cdeg$，令 $B=cdeg$。

⑲ $cdeg$ 既不存在于 $J(K_s)$ 又不存在于 $C(K_s)$，在 K_o 中 $f_{K_o}(g_{K_o}(cdeg))=cdeg$，所以 $cdeg$ 是一个内涵，将 $cdeg$ 加入 $C(K_o)$ 中。

⑳ 利用相关性定义得到 $cdeg$ 下一个与 $J(K_o)$ 相关的属性集合 $cdeg$，令 $B=cdegi$。

㉑ $cdegi$ 既不存在于 $J(K_s)$ 又不存在于 $C(K_s)$，在 K_o 中 $f_{K_o}(g_{K_o}(cdegi))=abcdefghi$，所以 $cdegi$ 是伪内涵，将蕴涵式 $cdegi \to abfh$ 加入 $J(K_o)$ 中。

㉒ 利用相关性定义得到 $cdegi$ 下一个与 $J(K_o)$ 相关的属性集合 $cdefg$，令 $B=cdefg$。

㉓ 在 $C(K_s)$ 中存在内涵 $cdefg$，因为 $cdefg \bigcap f(y)=cdeg$，所以 $cdefg$ 不需要重新计算，直接将 $cdefg$ 加入 $C(K_o)$。

㉔ 利用相关性定义得到 $cdefg$ 下一个与 $J(K_o)$ 相关的属性集合 $cdefg$，令 $B=b$。

㉕ 因为 $B<B_q$ 不成立，所以 CorrectingAlgorithm 算法结束。

算法纠错得到的 $J(K_o)=\{i \to g, h \to abcd, f \to cdeg, e \to cdg, d \to c, c \to d, cdg \to e, edegi \to abfh\}$，$C(K_o)=\{\varnothing, g, gi, cd, cdeg, cdefg\}$。

角色探索运行停止时得到的 $C(K_o)=\{\varnothing, g, gi, cd, cdeg, cdefg, abcdh, abcdefghi\}$。结合学院背景，算法得到的角色概念格如图 4-2 所示，得到的角色如表 4-3 所列。

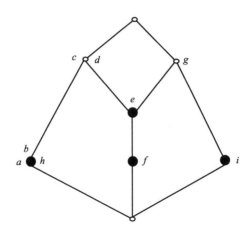

图 4-2 角色概念格

⊡ **表 4-3 形式背景 K。上的角色**

角色编号	角色
1	无权限
2	教师信息管理
3	教师信息管理,毕业生就业信息管理
4	学生课程查看,学生课程制定与修改
5	学生课程查看,学生课程制定与修改,学生课程管理,教师信息管理
6	在籍学生学籍管理,学生课程查看,学生课程制定与修改,学生课程管理,教师信息管理
7	招生信息管理,学生注册信息管理,在籍学生学籍管理,学生课程查看,毕业生就业信息管理
8	招生信息管理,学生注册信息管理,在籍学生学籍管理,学生课程查看,学生课程制定与修改,学生课程管理,教师信息管理,毕业生就业信息管理,科研信息管理

算法最终得到的 $J(K_o) = \{i \to g, h \to abcd, f \to cdeg, e \to cdg, d \to c, c \to d, cdg \to e, cdegi \to abfh, b \to acdh, a \to bh, abcdegh \to fi\}$。结合学院背景算法得到的权限间蕴涵如表 4-4 所列。

⊡ **表 4-4 形式背景 K。上的蕴涵关系**

蕴涵关系编号	蕴涵关系
1	(科研信息管理)→(教师信息管理)
2	(毕业生就业信息管理)→(招生信息管理,学生注册信息管理,在籍学生学籍管理,学生课程查看)

蕴涵关系编号	蕴涵关系
3	(学生课程管理)→(在籍学生学籍管理,学生课程查看,学生课程制定与修改,教师信息管理)
4	(学生课程制定与修改)→(在籍学生学籍管理,学生课程查看,教师信息管理)
5	(学生课程查看)→(在籍学生学籍管理)
6	(在籍学生学籍管理)→(学生课程查看)
7	(在籍学生学籍管理,学生课程查看,教师信息管理)→(学生课程制定与修改)
8	(在籍学生学籍管理,学生课程查看,学生课程制定与修改,教师信息管理,科研信息管理)→(招生信息管理,学生注册信息管理,学生课程管理,毕业生就业信息管理)
9	(学生注册信息管理)→(招生信息管理,学生注册信息管理,在籍学生学籍管理,学生课程查看,毕业生就业信息管理)
10	(招生信息管理)→(学生注册信息管理,毕业生就业信息管理)
11	(招生信息管理,学生注册信息管理,在籍学生学籍管理,学生课程查看,学生课程制定与修改,教师信息管理,毕业生就业信息管理)→(学生课程管理,科研信息管理)

从上述算法示例过程可以看出，SREA算法可以在发现错误后，自动化地对内涵集合与蕴涵式集合修正，得到与未出错时一致的内涵集合与蕴涵式集合，即SREA算法在交互专家给出了错误答案后，依旧可以通过进一步的交互，自动化地修正已得到的蕴涵式集合与内涵集合，从而得到RBAC系统的角色集合与权限间蕴涵关系集合。

4.3 实验设计与分析

4.3.1 实验设计

为验证本章算法的性能，本章使用JAVA语言MATH库中random函数仿真生成形式背景作为测试数据。实验设计分为3个方面：①给定不同的形式背景规模，观察专家出错后，重新探索的耗时与本章提出的纠错算法耗时对比情况。②改变形式背景规模，分别观察本章提出的算法与传统属性探索算法、文献［117］中基于置信度的属性探索算法得到知识的正确率。③改变形式背景规模，设定一次出错，分别观察本章提出的算法与传统属性探索算法、文献［117］中基于置信度的属性探索算法得到知识的冗余率。

在实验中以算法遍历形式背景的方式代替专家回答问题。算法随机生成的形式背景，作为领域专家知识背景，在判断蕴涵关系式是否成立时，遍历整个形式背景，如果形式背景中所有对象满足此条蕴涵式的蕴涵关系，则认为这条蕴涵式成立；否则认为该条蕴涵关系式不成立，在形式背景中取出一个对象作为反例提供给算法加入形式背景中。测试平台硬件为 3.4GHz 的 CPU 和 16GB 内存，操作系统为 Windows 10。

第 1 组实验，给定三个不同的形式背景规模分别为 50×10、50×15、50×20。其中，50 为对象个数，10、15、20 为属性个数。实验中分别测定专家出错后，重新探索的耗时与本章提出的纠错算法耗时情况并将其做差。实验中模拟专家出错次数从 1 次到 6 次。实验结果如图 4-3 所示。

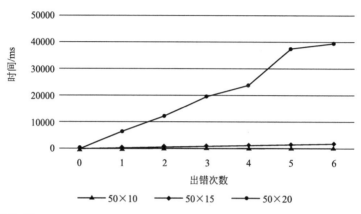

图 4-3 耗时差值对比

第 2 组实验，设定的形式背景规模分别为 5×5、10×10、15×15、20×20。实验中模拟专家一次出错，改变形式背景规模，观察本章提出的算法与传统属性探索算法、文献 [117] 中基于置信度的属性探索算法得到知识的正确率。测试结果如图 4-4 所示。

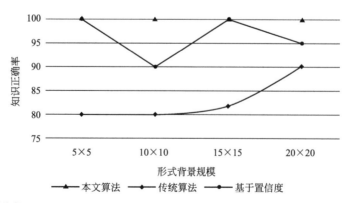

图 4-4 知识正确率

第 3 组实验,设定的形式背景规模分别为 5×5、10×10、15×15、20×20。实验中模拟专家一次出错,改变形式背景规模,观察本章提出的算法与传统属性探索算法、文献 [117] 中基于置信度的属性探索算法得到知识的冗余率。测试结果如图 4-5 所示。

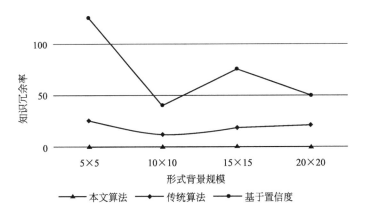

图 4-5 知识冗余率

4.3.2 实验分析

第 1 组实验可以看出,重新探索与本章算法耗时的差值与出错次数正相关。实验表明专家出错次数越多,本章提出的算法在时间性能上越有优势。同时,对比 3 种不同规模形式背景的曲线,说明形式背景规模越大,本章提出的算法耗时差值越大,算法性能越好。

第 2 组实验可以看出,本章提出的算法正确率与形式背景规模无关。不管形式背景规模怎么样,本章算法总能探索出给定形式背景中的知识。基于置信度的属性探索算法由于依赖置信度,如果形式背景中没有包含某个蕴涵式前件的对象,则无法依靠置信度求出该蕴涵式,所以其正确率上下波动。随着形式背景规模的增加,传统属性探索算法的正确率逐渐提高。一般来说,形式背景规模越大,其主基的规模也会越大。从传统属性探索算法正确率随着形式背景规模增加而提高,可以看出某个错误对象,对主基中蕴涵式的影响有限。主基规模越大,则受错误对象影响的蕴涵式在主基中的比例越低。

第 3 组实验可以看出本章提出的算法始终没有冗余的知识。由第 2 组、第 3 组实验对比可以看出,本章的算法始终能得到最小的知识体系。虽然基于置信度的属性探索算法也能大致得到知识,但是在准确率与冗余率的上均不如本章提出的算法。

小结

　　为了解决传统的基于概念格的角色探索方法不具有检错、纠错功能的问题，本章提出了一种自纠错的 RBAC 角色探索算法。该算法利用蕴涵等值式，发现专家的前后回答是否自相矛盾。研究发现，传统的基于概念格的角色探索方法得到的权限间蕴涵关系和角色集合与专家给出的答案有关，如果某个权限间蕴涵式的前件不包含某个专家给出的答案，则说明这个蕴涵关系式与专家给出的这个答案无关。本节利用这种内在的逻辑关系，提出了矛盾子背景的定义，并进一步归纳总结出 3 个定理，并对提出的定理进行严谨的数学论证。最后根据定理给出了 SREA 算法描述。该算法可以发现专家前后回答逻辑不一致的情况，并且在发现错误后，借助提出的定理自动化地修正已得到的蕴涵式集合与内涵集合，从而得到正确的权限间蕴涵关系集合与角色集合。

第**5**章

RBAC角色探索算法的
多人协作机制研究

在 RBAC 角色工程方法中，基于概念格的角色探索方法以启发的方式协助系统分析师设计 RBAC 系统角色，但是该方法依赖专家具有完备的系统权限知识。在实际工作中，同一个部门权限信息可能被多个管理员分管，而且当涉及多个部门系统权限时，很难找到一位对多个部门权限都了解的管理员。例如，在构建教务系统与教职工系统联合中的角色时，很难找出一个对所有权限信息都十分了解的专家。不仅如此，基于概念格的角色探索方法仅支持串行的方式进行角色探索不支持并发协作，使得该方法在性能上存在一定的不足。上述问题阻碍了传统的基于概念格的角色探索方法的发展与应用。

传统的基于概念格的角色探索方法得到的主基与角色集合，虽然和整个系统有很大的关系，但是也与局部子系统有着密切的关系。所以可以寻找多位领域专家同时进行角色探索，然后将从每个专家那里得到的角色、蕴涵关系进行合并，从而得到多个专家知识合并后的角色与蕴涵关系集合。

为此，本章在传统的基于概念格的角色探索方法的基础上，提出了多人协作的 RBAC 角色探索算法（RBAC role exploration algorithm for multiplayer collaborative，REMC）。在属性探索的交互问答的框架下，设计了一个支持多人协作的角色探索方法。该方法弥补了传统的基于概念格的角色探索方法算法不支持多人协作构建角色的不足。

5.1 理论基础

5.1.1 基础定义定理

为方便阐述，首先做如下定义。

定义 5.1 多人协作的 RBAC 角色探索算法可定义为一个六元组的表达式，即 $REMC = (K_1, K_2, J(K_1), C(K_1), J(K_2), C(K_2))$。其中，$K_1 = (U_1, M_1, I_1)$，$K_2 = (U_2, M_2, I_2)$，$U_1 = \{g_1, g_2, g_3, g_4 \cdots | g \in U_1\}$，$U_2 = \{g_1, g_2, g_3, g_4, \cdots | g \in U_2\}$，$M = (a, b, c, d \cdots)$。$I_1$、$I_2$ 表示 U_1、U_2 与 M_1、M_2 间的关系。$J(K_1)$、$J(K_2)$、$C(K_1)$、$C(K_2)$ 分别表示 K_1、K_2 的主基与角色集合。

基于上述定义，本节有如下发现，可作为 REMC 算法的理论依据。

定理 5.1 在 $REMC = (K_1, K_2, J(K_1), C(K_1), J(K_2), C(K_2))$ 中，$K_1 = (U_1, M_1, I_1)$，$K_2 = (U_2, M_2, I_2)$ 合并后的形式背景 $K = K_1 \bigcup K_2$，K 上的主基 $J(K)$。蕴涵式 $B \rightarrow f(g(B)) - B \in J(K_1) \bigcap J(K_2)$，属性集合 $b = \{b | b \rightarrow f(g(b)) - b \in J(K), b \subseteq B\}$。若 $\forall f(g(b)) \subseteq B$，则 $B \rightarrow f(g(B)) - B \in J(K)$。

证明： 由定义 4.2 可知 K_1，K_2 是 K 的子形式背景，所以 $g(B) = g_1(B) \bigcup g_2(B)$。又因为 $B \rightarrow f(g(B)) - B \in J(K_1) \bigcap J(K_2)$，所以 $f_1(g_1(B)) = f_2(g_2(B))$。由性质 2.1 可知 $f(g(B)) \subseteq f_1(g_1(B)) = f_2(g_2(B))$。如果 $f(g(B)) \neq f_1(g_1(B))$，则必然存在对象 $g_1 \in K_2$ 满足 $f(g(B)) = f_2(g_2(B))$。因为 $f_1(g_1(B)) = f_2(g(B))$，所以不存在这样的对象 g_1，所以 $f(g(B)) = f_1(g_1(B)) = f_2(g_2(B))$。下面证明在形式背景 K 中满足伪内涵定义：

因为 $f(g(B)) = f_1(g_1(B)) = f_2(g_2(B)) \neq B$ 所以 B 满足定义 3.5 的条件①，此外在 $J(K)$ 满足所有的 $b = \{b | b \rightarrow fg(b) - b \in J(K), b \subseteq B\} \subseteq B$。所以 B 满足定义 3.5 的条件②，所以在 K 中 B 满足伪内涵定义。综上所述，$B \rightarrow f(g(B)) - B \in J(K)$。证毕。

定理 5.1 表明，在 $REMC = (K_1, K_2, J(K_1), C(K_1), J(K_2), C(K_2))$ 中，如果某个蕴涵式满足既存在于 $J(K_1)$ 又存在于 $J(K_2)$，而且不被其前件子集诱导的蕴涵式所反驳，则该蕴涵式在联合后的形式背景也成立。

定理 5.2 在 $REMC = (K_1, K_2, J(K_1), C(K_1), J(K_2), C(K_2))$ 中，$K_1 = (U_1, M_1, I_1)$，$K_2 = (U_2, M_2, I_2)$ 合并后的形式背景 $K = K_1 \bigcup K_2$，K 上的主基 $J(K)$。属性集合 A_1，$A_2 \subseteq M$，$A_1 \rightarrow B_1 \in J(K_1)$。如果 $\exists A_2 \rightarrow B_2 \in J(K_2)$ 满足 $A_1 = A_2$，$B_1 \bigcap B_2 = \varnothing$，则 $A_1 \in C(K)$。

证明： 要证明 $A_1 \in C(K)$，则需要证明在 K 中 $f(g(A_1) = A_1$。因为 $A_1 \rightarrow B_1 \in J(K_1)$，$A_2 \rightarrow B_2 \in J(K_2)$，所以 $f_1(g_1(A_1)) = B_1 \bigcup A_1$，$f_2(g_2(A_2)) = B_2 \bigcup A_2$。又因为 $g(A_1) = g_1(A_1) \bigcup g_2(A_1)$，所以 $f(g(A_1)) = f_1(g_1(A_1)) \bigcap f_2(g_2(A_2)) = (B_1 \bigcup A_1 \bigcap B_2 \bigcup A_2)$。因为 $A_1 = A_2$，$B_1 \bigcap B_2 = \varnothing$，所以 $f(g(A_1)) = f_1(g_1(A_1)) \bigcap f_2(g_2(A_2)) = A_1$，即 $A_1 \in C(K)$。证毕。

定理 5.2 表明，在 $REMC = (K_1, K_2, J(K_1), C(K_1), J(K_2), C(K_2))$ 中，如果某个蕴涵式满足既存在于 $J(K_1)$ 又存在于 $J(K_2)$ 中，以此蕴涵式为前件的蕴涵式，且这两个蕴涵式交集为空，则在联合后的形式背景中该蕴涵前件为内涵。

定理 5.3　在 REMC$=(K_1,K_2,J(K_1),C(K_1),J(K_2),C(K_2))$ 中，$K_1=(U_1,M_1,I_1)$，$K_2=(U_2,M_2,I_2)$，合并后的形式背景 $K=K_1\bigcup K_2$，K 上的主基 $J(K)$。属性集合 A_1，$A_2\subseteq M$，$A_1\rightarrow B_1\in J(K_1)$。如果 $\exists A_2\rightarrow B_2\in J(K_2)$ 满足 $A_1=A_2$，$B_1\bigcap B_2=c$，并且属性集合 $b=\{b|b\rightarrow f(g(b))-b\in J(K),b\subseteq A_1\}$，$\forall f(g(b))\subseteq A_1$ 则 $A_1\rightarrow c\in J(K)$。

证明：由定理 5.2 可知 $f(g(A_1))=f_1(g_1(A_1))\bigcap f_2(g_2(A_2))=(B_1\bigcap B_2)=c$，所以属性集合 A_1 满足定义 3.5 的条件①，又因为 $b=\{b|b\rightarrow f(g(b))-b\in J(K)$，$b\subseteq A_1\}$，$\forall f(g(b))\subseteq A_1$，即 B 满足定义 3.5 的条件②，所以在 K 中 A_1 满足伪内涵定义，$A_1\rightarrow c\in J(K)$。证毕。

定理 5.3 表明，在 REMC$=(K_1,K_2,J(K_1),C(K_1),J(K_2),C(K_2))$ 中，如果某个蕴涵式满足既存在于 $J(K_1)$ 又存在于 $J(K_2)$ 中，以此蕴涵式为前件的蕴涵式，且这两个蕴涵式交集不为空，而且不被其前件子集诱导的蕴涵式所反驳，则以该蕴涵式前件为前件，以两个蕴涵式交集为后件的蕴涵式，在联合后的形式背景中也成立。

5.1.2　多人协作的 RBAC 角色探索算法框架

本节在上述定义及定理的基础上，借鉴属性探索算法问答的框架，设计了一个

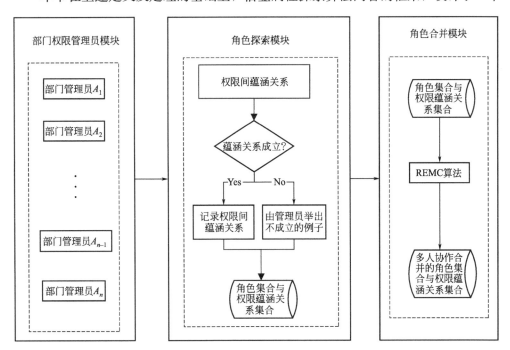

图 5-1　多人协作的 RBAC 角色探索算法框架

多人协作的 RBAC 角色探索算法。算法利用传统的基于概念格的角色探索方法与多位专家进行角色探索。然后根据探索得到的知识，利用提出的定理自动化地对角色集合、蕴涵关系集合进行修正。从而得到多个专家知识系统的角色以及权限间蕴涵关系。算法框架如图 5-1 所示。

本章研究的主要是，在多个专家使用传统的基于概念格的角色探索方法探索后，如何进行知识合并，所以这里将 REMC 算法中的角色探索模块省略，具体过程如算法 5.1 所示：

◻ **算法 5.1　REMC 算法（以两人协作为例）描述**

输入：形式背景 $K_1=(U_1,M,I)$，$K_2=(U_2,M,I)$，主基 $J(K_1)$，$J(K_2)$ 内涵集合 $C(K_1)$，$C(K_2)$

输出：形式背景 K，以及 $J(K)$，$C(K)$

BEGIN

01　$J(K)：=\varnothing$；$C(K)=C(K_1)\bigcup C(K_2)$

02　$K=K_1\bigcup K_2$

03　WHILE$(B\neq M)$

04　IF$(B\in C(K_1)|B\in C(K_2))$ THEN

05　　$B=\text{findNextB}(J(K),B)$

06　　BREAK

07　　ELSE

08　　FOR each $j\in J(K_1)$ OR $j\in J(K_2)$

09　　IF$(j<B)$THEN

10　　　从 $J(K_1)$ 或 $J(K_2)$ 中删除蕴涵式 j

11　　END IF

12　END FOR

13　END IF

14　取 $J(K_1)$ 和 $J(K_2)$ 中第一个蕴涵式 $a_1{\rightarrow}b_1$，$a_2{\rightarrow}b_2$

15　IF$(B==a_1==a_2\&\&b_1==b_2)$THEN

16　将蕴涵式 $a_1{\rightarrow}b_1$ 加入 $J(K)$

17　将 $a_1{\rightarrow}b_1$，$a_2{\rightarrow}b_2$ 从 $J(K_1)$ 与 $J(K_2)$ 中删除

18　$B=\text{findNextB}(J(K),B)$

19　Continue

20　ENDIF

21　IF$(B==a_1==a_2)$THEN

22　IF$(b_1\bigcap b_2==\varnothing)$

23　将属性集合 B 加入 $C(K)$

24　ELSE

25　将蕴涵式 $B{\rightarrow}b_1\bigcap b_2$ 加入 $J(K)$

26　END IF

27　将 $a_1{\rightarrow}b_1$，$a_2{\rightarrow}b_2$ 从 $J(K_1)$ 与 $J(K_2)$ 中删除

28　$B=\text{findNextB}(J(K),B)$

29　BREAK

30	END IF
31	ELSE
32	$B'=$在 K 中计算 $f(g(B))$
33	IF$(B==B')$THEN
34	将属性集合 B 加入 $C(K)$
35	$B=$findNextB$(J(K),B)$
36	BREAK
37	ELSE
38	将蕴涵式 $B \to B'-B$ 加入 $J(K)$
39	B=findNextB$(J(K),B)$
40	BREAK
41	END IF
42	END IF
43	END

利用传统的基于概念格的角色探索方法与不同的系统安全管理人员交互，得到所需的角色（内涵）集合和权限与权限间的蕴涵关系集合（主基）。之后将得到的角色集合与主基代入 REMC 算法中，计算得到多人知识合并后的角色集合以及主基。算法初始时，形式背景为多个专家形式背景的并集，主基为空，角色集合为空。算法第 1 行利用引理 4.1 将 $C(K_1)$ 与 $C(K_2)$ 的所有元素加入 $C(K)$ 中。算法 3 行判断算法是否达到结束状态。算法中第 4～7 行跳过已加入 $C(K)$ 的内涵。算法第 8～12 行，删除 $J(K_1)$、$J(K_2)$ 中小于正在验证属性集合的元素。算法第 15～20 行利用定理 5.1 判断蕴涵式是否不用重新计算，算法第 21～25 行利用定理 5.2 与定理 5.3 判断属性集合是内涵还是伪内涵。算法 26～43 行是对于不符合本节提出定理的属性集合处理过程。其中，findNextB 算法是根据第 3 章不相关性定义计算 B 的下一个权限集合。

5.2 REMC 算法过程示例

本节通过一个具体的学院示例来阐述 REMC 算法具体运行过程，$K_1=(U_1,M_1,I_1)$，$K_2=(U_2,M_2,I_2)$。其中 $U_1=\{1,2,3,4\}$ 分别代表（某学院院长、教学院长、科研院长、教务主任），$U_2=\{5,6,7\}$ 分别代表教务人员、系主任、招生就业处主任。$M=\{a,b,c,d,e,f,g,h,i\}$ 分别代表招生信息管理、学生注册信息管理、在籍学生学籍管理、学生课程查看、学生课程制定与修改、学生课程管理、教师信息管理、毕业生就业信息管理、科研信息管理。如表 5-1、表 5-2 所列。其中权限 $a<b<c<d<e<f<g<h<i$。

⊡ 表5-1 形式背景 K_1

属性\对象	a	b	c	d	e	f	g	h	i
1	0	0	1	1	1	1	1	0	0
2	0	0	0	0	0	0	1	0	1
3	0	0	1	1	1	0	1	0	0
4	1	1	1	1	0	0	0	1	0

⊡ 表5-2 形式背景 K_2

属性\对象	a	b	c	d	e	f	g	h	i
5	0	0	1	1	0	0	0	0	0
6	0	1	1	1	1	0	1	1	1
7	1	1	0	0	0	0	0	1	0

由于基于概念格的角色探索方法过程步骤与第 3 章的过程类似，所以对于基于概念格的角色探索方法过程本章不再赘述。形式背景 K_1 与 K_2 使用基于概念格的角色探索方法得到 $J(K_1)=\{i\to g, h\to abcd, f\to cdeg, e\to cdg, d\to c, c\to d, cdg\to e, cdegi\to abfh, a\to abdh, abcdegh\to fi\}$；$C(K_1)=\{\varnothing, g, gi, cd, cdeg, cdefg, abcd, abcdefghi\}$；

$J(K_2)=\{i\to bcdegh, h\to b, g\to bcdehi, f\to abcdeghi, e\to bcdghi, d\to c, c\to d, b\to h, bcdh\to egi, a\to bh, abcdeghi\to f\}$；$C(K_2)=\{\varnothing, cd, bh, bcdeghi, abh, abcdefghi\}$。

将 $J(K_1)$、$C(K_1)$、$J(K_2)$、$C(K_2)$ 代入到 REMC 算法中。

① 算法开始 $K=K_1\bigcup K_2, C(K)=C(K_1)\bigcup C(K_2)$，$J(K):=\varnothing$，$B:=\varnothing$。

② 因为 $\varnothing\in C(K)$，所以计算 B 的下一个属性集合为 i，令 $B=i$。

③ 因为 $J(K_1)$ 和 $J(K_2)$ 中都有以 i 为前件的蕴涵式，所以将 $i\to g\bigcap bcdegh=g$，加入蕴涵集合 $J(K)$ 中，计算 B 的下一个属性集合为 h，令 $B=h$。

④ 因为 $J(K_1)$ 和 $J(K_2)$ 中都有以 h 为前件的蕴涵式，所以将 $h\to abcd\bigcap b=b$ 加入蕴涵集合 $J(K)$ 中，计算 B 的下一个属性集合为 g，令 $B=g$。

⑤ 因为 $g\in C(K)$，所以计算 B 的下一个属性集合为 gi，令 $B=gi$。

⑥ 因为 $gi\in C(K)$，所以计算 B 的下一个属性集合为 f，令 $B=f$。

⑦ 因为 $J(K_1)$ 和 $J(K_2)$ 中都有以 h 为前件的蕴涵式，所以将 $f\to cdeg\bigcap abcdeghi=cdeg$ 加入蕴涵集合 $J(K)$ 中，计算 B 的下一个属性集合为 e，令 $B=e$。

⑧ 因为 $J(K_1)$ 和 $J(K_2)$ 中都有以 e 为前件的蕴涵式，所以将 $e\to cdg\bigcap bc\text{-}$

$dghi = cdg$ 加入蕴涵集合 $J(K)$ 中，计算 B 的下一个属性集合为 d，令 $B = d$。

⑨ 因为 $J(K_1)$ 和 $J(K_2)$ 中都有以 d 为前件的蕴涵式，所以将 $d \rightarrow c \bigcap c = c$ 加入蕴涵集合 $J(K)$ 中，计算 B 的下一个属性集合为 c，令 $B = c$。

⑩ 因为 $J(K_1)$ 和 $J(K_2)$ 中都有以 c 为前件的蕴涵式，所以将 $c \rightarrow d \bigcap d = d$ 加入蕴涵集合 $J(K)$ 中，计算 B 的下一个属性集合为 cd，令 $B = cd$。

⑪ 因为 $cd \in C(K)$，所以计算 B 的下一个属性集合为 cdg，令 $B = cdg$。

⑫ 因为在 $J(K_2)$ 中没有以 cdg 为前件的蕴涵式，所以在形式背景 K 中重新计算 $f(g(cdg)) = e$，将 $cdg \rightarrow e$ 加入蕴涵集合 $J(K)$ 中，计算 B 的下一个属性集合为 $cdeg$，令 $B = cdeg$。

⑬ 因为 $cdeg \in C(K)$，所以计算 B 的下一个属性集合为 $cdegi$，令 $B = cdegi$。

⑭ 因为在 $J(K_2)$ 中没有以 $cdegi$ 为前件的蕴涵式，所以在形式背景 K 中重新计算 $f(g(cdegi)) = bh$，将 $cdegi \rightarrow bh$ 加入蕴涵集合 $J(K)$ 中，计算 B 的下一个属性集合为 $cdefg$，令 $B = cdefg$。

⑮ 因为 $cdefg \in C(K)$，所以计算 B 的下一个属性集合为 b，令 $B = b$。

⑯ 因为在 $J(K_1)$ 中没有以 b 为前件的蕴涵式，所以在形式背景 K 中重新计算 $f(g(b)) = h$，将 $b \rightarrow h$ 加入蕴涵集合 $J(K)$ 中，计算 B 的下一个属性集合为 bh，令 $B = bh$。

⑰ 因为 $bh \in C(K)$，所以计算 B 的下一个属性集合为 $bcdh$，令 $B = bcdh$。

⑱ 因为在 $J(K_1)$ 中没有以 $bcdh$ 为前件的蕴涵式，所以在形式背景 K 中重新计算 $f(g(bcdh)) = bcdh$，将 $bcdh$ 加入 $C(K)$，计算 B 的下一个属性集合为 $bcdeghi$，令 $B = bcdeghi$。

⑲ 因为 $bh \in C(K)$，所以计算 B 的下一个属性集合为 a，令 $B = a$。

⑳ 因为 $J(K_1)$ 和 $J(K_2)$ 中都有以 a 为前件的蕴涵式，所以将 $a \rightarrow abdh \bigcap bh = bh$ 加入蕴涵集合 $J(K)$ 中，计算 B 的下一个属性集合为 abh，令 $B = abh$。

㉑ 因为 $abh \in C(K)$，所以计算 B 的下一个属性集合为 $abcdh$，令 $B = abcdh$。

㉒ 因为 $abcdh$ 不属于 $C(K)$、$J(K_1)$、$J(K_2)$ 任何一个集合，所以在形式背景 K 中重新计算 $f(g(abcdh)) = abcdh$，将 $bcdh$ 加入 $C(K)$ 中，计算 B 的下一个属性集合为 $abcdeghi$，令 $B = abcdeghi$。

㉓ 因为在 $J(K_1)$ 中没有以 $abcdeghi$ 为前件的蕴涵式，所以在形式背景 K 中重新计算 $f(g(abcdeghi)) = f$，将 $abcdeghi \rightarrow f$ 加入蕴涵集合 $J(K)$ 中，计算 B 的下一个属性集合为 $abcdefghi$，令 $B = abcdefghi$。

㉔ 因为 $B = M$ 达到算法结束条件，所以算法结束。

算法最终得到的 $C(K) = \{ \varnothing, g, gi, cd, cdeg, cdefg, bh, bcdh, bcdeghi, abh, abcdh, abcdefghi \}$。结合学院背景 REMC 算法得到的角色概念格如图 5-2 所示，得到的角色如表 5-3 所列。

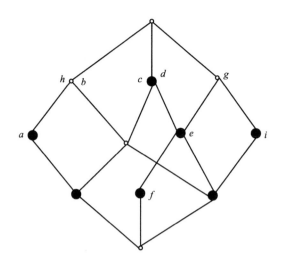

图 5-2 角色概念格

⊡ **表 5-3 形式背景 K_1 与形式背景 K_2 联合背景上的角色**

角色编号	角色
1	无权限
2	教师信息管理
3	教师信息管理,毕业生就业信息管理
4	学生课程查看,学生课程制定与修改
5	学生课程查看,学生课程制定与修改,学生课程管理,教师信息管理
6	在籍学生学籍管理,学生课程查看,学生课程制定与修改,学生课程管理,教师信息管理
7	学生注册信息管理,毕业生就业信息管理
8	学生注册信息管理,在籍学生学籍管理,学生课程查看,毕业生就业信息管理
9	学生注册信息管理,在籍学生学籍管理,学生课程查看,教师信息管理,毕业生就业信息管理,科研信息管理
10	招生信息管理,学生注册信息管理,毕业生就业信息管理
11	招生信息管理,学生注册信息管理,在籍学生学籍管理,学生课程查看,毕业生就业信息管理
12	招生信息管理,学生注册信息管理,在籍学生学籍管理,学生课程查看,学生课程制定与修改,学生课程管理,教师信息管理,毕业生就业信息管理,科研信息管理

⊡ **表 5-4 形式背景 K_1 与形式背景 K_2 联合背景上的蕴涵关系**

蕴涵关系编号	蕴涵关系
1	(科研信息管理)→(教师信息管理)
2	(毕业生就业信息管理)→(学生注册信息管理)
3	(学生课程管理)→(在籍学生学籍管理,学生课程查看,学生课程制定与修改,教师信息管理)

蕴涵关系编号	蕴涵关系
4	(学生课程制定与修改)→(在籍学生学籍管理,学生课程查看,教师信息管理)
5	(学生课程查看)→(在籍学生学籍管理)
6	(在籍学生学籍管理)→(学生课程查看)
7	(在籍学生学籍管理,学生课程查看,教师信息管理)→(学生课程制定与修改)
8	(在籍学生学籍管理,学生课程查看,学生课程制定与修改,教师信息管理,科研信息管理)→(学生注册信息管理,毕业生就业信息管理)
9	(学生注册信息管理)→(毕业生就业信息管理)
10	(学生注册信息管理,教师信息管理,毕业生就业信息管理)→(在籍学生学籍管理,学生课程查看,学生课程制定与修改,科研信息管理)
11	(学生注册信息管理,在籍学生学籍管理,学生课程查看,学生课程制定与修改,学生课程管理,教师信息管理,毕业生就业信息管理,科研信息管理)→(招生信息管理)
12	(招生信息管理)→(学生注册信息管理,毕业生就业信息管理)
13	(招生信息管理,学生注册信息管理,在籍学生学籍管理,学生课程查看,学生课程制定与修改,教师信息管理,毕业生就业信息管理,科研信息管理)→(学生课程管理)

算法最终得到的 $J(K) = \{ i \to g, h \to b, f \to cdeg, e \to cdg, d \to c, c \to d, cdg \to e, cdegi \to bh, b \to h, bgh \to cdei, bcdefghi \to a, a \to bh, abcdeghi \to f \}$。结合学院背景 REMC 算法得到的权限间蕴涵关系如表 5-4 所列。

由上述算法示例得到的结果可知,REMC 算法在利用基于概念格的角色探索方法与多个系统安全管理人员交互后,可以将得到的主基和内涵进行自动化地合并,从而得到多人知识联合后的角色集合与权限间的蕴涵关系式集合。

5.3 实验设计与分析

5.3.1 实验设计

为验证本章提出的算法性能,本章使用 JAVA 语言 MATH 库中 random 函数仿真生成两组形式背景作为测试数据。实验设计分为两个方面:①改变实验条件观察蕴涵关系式(主基)数量变化情况;②改变实验条件观察角色(内涵)数量变化情况。

在实验中以算法遍历形式背景的方式代替专家回答问题。算法以随机生成的形式背景为客观形式背景,在判断蕴涵关系式是否成立时,遍历整个形式背景,如果形式背景中所有对象满足此条蕴涵式的蕴涵关系,则认为这条蕴涵式成立;否则认为该条蕴涵关系式不成立，在形式背景中取出一个对象作为反例提供给算法。测试平台硬件为 3.4GHz 的 CPU 和 16GB 内存，操作系统为 Windows 10。

第 1 组实验设置形式背景具有相同的用户（对象）数目 30，权限（属性）数目从 0~30 以间隔为 5 的变化进行测试。测试目的是固定用户数目改变权限个数，观察蕴涵式数量的变化。测试结果如图 5-3 所示。

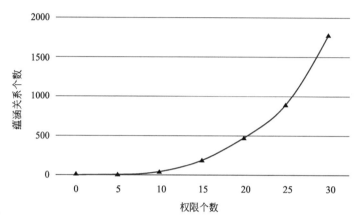

图 5-3 蕴涵式个数（用户个数：30）

第 2 组设置形式背景具有相同的权限（属性）数目 15，用户（对象）数目从 0~300 以间隔为 50 的变化进行测试。测试目的是固定权限数目，改变用户数目，观察蕴涵式数量的变化。测试结果如图 5-4 所示。

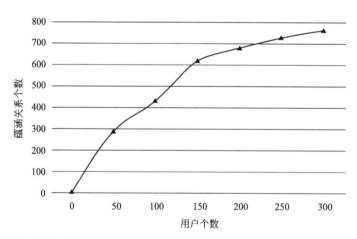

图 5-4 蕴涵式个数（权限个数：15）

第 3 组实验设置形式背景具有相同的用户（对象）数目 30，权限（属性）数目从 0~30 以间隔为 5 的变化进行测试。测试目的是固定用户数目改变权限个数，观察角色数量的变化。测试结果如图 5-5 所示。

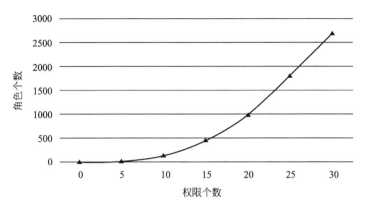

图 5-5 角色个数（对象个数：30）

第 4 组设置形式背景具有相同的权限（属性）数目 15，用户（对象）数目从 0~300 以间隔为 50 的变化进行测试。测试目的是固定权限数目，改变用户数目，观察角色数量的变化。测试结果如图 5-6 所示。

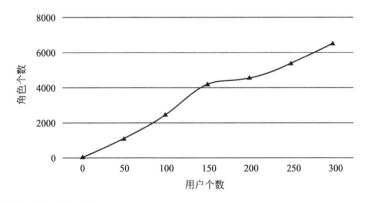

图 5-6 角色个数（属性个数：15）

5.3.2 实验分析

第 1 组实验通过固定用户数目改变权限个数观察蕴涵式个数的方式验证 REMC 算法的性能；第 2 组实验通过固定权限数目改变用户个数观察蕴涵式个数的方式验证 REMC 算法的性能。从两组实验的结果可以看出，信息系统中蕴涵关系的数目随着形式背景的规模增加而增加。

第 3 组实验通过固定用户数目改变权限个数观察角色数目的方式验证 REMC

算法的性能；第 4 组实验通过固定权限数目改变用户个数观察角色数目的方式验证 REMC 算法的性能。实验结果表明，不管是固定对象个数，改变属性个数，还是固定属性个数，改变对象个数，形式背景中上角色数目随着形式背景的规模扩大而增加。本章提出的 REMC 算法弥补了传统的基于概念格的角色探索方法算法不支持多人协作构建角色的不足，提供了一个支持多人协作角色探索的方案。

小结

　　针对传统的基于概念格的角色探索方法算法在并行协作性能差的问题，本章提出了多人协作的 RBAC 角色探索算法。利用形式背景局部性特点，从局部出发归纳总结出 3 个定理，并对提出的定理进行严谨的数学论证。最后根据定理提出了一种多人协作的 RBAC 角色探索算法。该算法利用传统的基于概念格的角色探索方法构建出多个专家知识中的角色体系，然后根据本章提出的定理，自动化地计算出多个专家知识背景合并后的角色体系。

第6章

基于概念格的最小角色集模型及其求解

自顶向下的角色工程方法通过分析系统的功能需求来创建角色和分配相应的权限，能较好地反映系统的业务逻辑和安全需求。但是随着信息系统变得越来越复杂，用户和信息资源急剧膨胀，类型也更加多样化。这导致权限管理和角色的获取变得非常复杂，依赖于系统分析师的自顶向下的角色工程方法越来越力不从心。而自底向上的角色工程方法也即角色挖掘方法，能够通过分析系统中已经存在的用户和权限之间的分配关系，利用数据挖掘方法来得到能反映分配关系所对应的角色。这类方法能够自动化和半自动化地构建角色，为寻找合适的角色提供辅助，在信息系统的升级、迁移等过程的角色提取等场景中具有比较优异的应用前景。

在基于概念格的 RBAC 模型中，由于概念格的完备性，使得该模型将所有可能的角色都挖掘出来，再通过概念格的 Hasse 图能够提供给用户一个完整的角色层次结构视图。这有利于系统管理员对角色的发掘，从而为角色的设定提供辅助型作用。但是在实际应用中，由于系统的复杂性，会将大量的角色提供给管理员，这会给系统的管理带来不便。因此在挖掘出所有可能角色及其层次关系的基础上，进一步推荐一个最小的角色集是一个很有意义的工作。

关于最小角色集问题（也被称作角色最小化问题）的研究，目前已有不少算法和研究成果出现[63,71]。本章致力于研究如何在基于概念格的 RBAC 模型所发现的角色集合中，找出满足最小权限原则的最小角色集合。最小角色集问题的求解是一个 NP 难问题[63]。本章在角色替代的最小角色集求解模型的基础上，设计了一种贪婪算法来尽可能地降低时间复杂度。

6.1　相关研究工作

最小角色集问题是伴随角色挖掘研究而出现的一个热点问题，其目标是找出满足访问控制矩阵中用户-权限分配关系的最小角色集合，因为如果挖掘出过量的角色，反而会增加系统管理的复杂性。目前已有不少算法和研究成果出现。Vaidya等人[63] 对最小角色集问题进行了系统的阐述和定义，分析了问题的理论边界，给出了 δ 近似和最小噪声两种方法，并指出该问题是 NP 难问题。Lu 等人[64] 提出了一个角色数目最小化问题的统一建模框架。Ene 等人[71] 则提出了把最小角色数的求解转化为著名的最小 biclique 覆盖问题的方法，从而利用该问题的成熟方法来寻找最小角色集合。Zhang 等人[70] 使用分解访问控制矩阵的方法来获取角色层次图，再利用图优化技术来寻找最合适的角色。

作为形式概念分析[36] 的核心数据结构，概念格模型和角色的层次模型具有天然的对应关系：用户对应于形式背景的对象，权限和资源对应于属性，形式概念的内涵对应于角色，Hasse 图对应于角色间的层次关系。这种对应关系使得利用概念格来进行角色获取的研究具有极大的便利性。文献［105］提出了一个利用概念格从访问控制矩阵中发现角色的方法，该方法还能判定系统的安全度并发现越权的恶意登录。文献［112］利用概念格创建角色树进行角色挖掘，并在此基础上进行移动服务的推荐。文献［107］提出了一个利用形式概念分析来支持访问控制可视化的方法，该方法能够抽取角色-权限关系、发现潜在角色并绘制角色层次视图。文献［44］提出了一种利用概念格将角色的权限和属性进行关联分析的模型，根据用户属性将满足需求的角色自动分配给新用户。文献［66］通过各种实验证明利用概念格进行角色挖掘具有非常显著的性能。

由于概念格的完备性，在上述基于概念格的 RBAC 模型中，使得该模型将所有可能的角色都被挖掘出来，并以 Hasse 图的形式给用户提供一个完整的角色层次结构视图，从而为角色的设定提供辅助性作用。但是在实际应用中，过量的角色会使系统的管理更加复杂。因此在挖掘出所有可能角色及其层次关系的基础上，进一步推荐一个最小的角色集是一个很有意义的工作。

文献［68］给出了一个基于概念格进行角色发现的经典方法，该方法给出了挖掘角色层次的权重结构复杂度（weighted structural complexity）作为最小代价函数，以此评判挖掘出的角色是否符合预定义的要求，并给出了一个贪婪算法挖掘有意义的角色信息。通过设定参数，该方法能够找出一个近似最小角色集，但是由于算法严格按照代价函数对概念角色进行剪枝，计算的中间过程完全忽略，使得管理员在进行角色筛选时，无法对角色进行调整。本章的方法则是在不改变原有概念格的基础上，致力于研究如何在基于概念格的 RBAC 模型所发现的角色集合中，找出满足最小权限原则的最小角色集合。由于最小角色集问题的求解是一个 NP 难问题[63]，本章尝试在基于角色替代的最小角色集求解模型的基础上，设计一种贪婪算法来尽可能地降低时间复杂度。

6.2　基于概念格的 RBAC 模型

对于一个访问控制矩阵可以用一个形式背景来表示 $K(U,P,IA)$，其中 $IA \subseteq U \times P$，$(u,p) \in IA$，表示用户 u 具有权限 p，其中，$u \in U$，$p \in P$。这样的形式背景称为安全背景。其对应的概念格 $L(K)$ 称为安全背景 K 上的安全格。安全形式背景及安全格如表 6-1 与图 6-1 所示。

⊡ 表6-1　安全形式背景示例

用户	权限				
	a	b	c	d	e
1	1	1	1	0	1
2	1	1	0	0	0
3	0	0	1	1	1
4	1	0	1	1	0
5	1	0	1	0	1

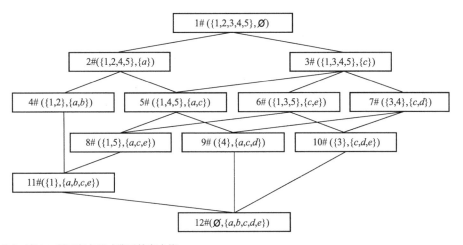

图6-1　表 6-1 所示安全形式背景的安全格

对于 $L(K)$ 上的概念 $C=(A,B)$ 在本章中称为角色概念。其内涵 B 是权限的集合，对应于访问控制矩阵上的一个角色，而外延 A 则为具有该角色的用户。因此，角色与角色概念是一一对应的关系。角色概念 C 所对应的角色，在本章中称为概念诱导的角色，记为 int(C)。概念角色的集合 CS 所对应的角色集合，记为 INT(CS)。文献［105］分析并证明了安全格 L(K) 上的所有角色概念的集合，构成了整个访问控制矩阵中所有可能的角色及其层次结构。

6.3 最小角色概念集及其在概念格中的求解

文献［63］中对 RBAC 模型中的角色挖掘问题作出了如下定义。

定义 6.1 **角色挖掘问题** 对于 $m \times n$ 的访问控制矩阵 A，将其分解为大小分别为 $m \times k$ 和 $k \times n$ 的两个矩阵 UA 和 PA，使得 k 在所有可能的矩阵分解中最小。

定义 6.1 将访问控制矩阵中用户与权限的关系表示为 UA 和 PA 两个矩阵，UA 矩阵表示用户与角色的关系，而角色与权限的关系由 PA 矩阵表示。角色挖掘问题就是寻找满足用户和权限分配关系最小的角色集合。在安全格上，由于概念与角色间存在一一对应关系，最小角色集的求解可以转化为在安全格中寻找最小角色概念集的问题。

定义 6.2 **最小角色概念集** 对于安全背景 K，如果其安全格的一个概念集合 S_m，满足以下两个条件，则称 S_m 为安全背景 K 上的最小角色概念集：

① 对于 K 中的每个用户所具有的权限，都可以由 S_m 中的若干个概念的内涵的并集来表示；

② S_m 中的概念个数是最少的。

由于安全格包含了整个访问控制矩阵中的所有可能的角色，因此，满足定义 6.2 的最小角色概念集即是定义 6.1 的角色挖掘问题的解。

定义 6.3 **角色替代** 设角色 $r \in R$，角色集 $RS \subseteq R$，若 pers(r)＝PERS(RS)，称 RS 是 r 的一个替代。

由定义 6.3 可知，一个角色可以由其他角色的组合来表示。在安全格上就表现为，一个概念的内涵是其他几个概念的内涵的并集。如图 6-1 中，5 # 概念的内涵就可以由 2 # 和 3 # 概念内涵的并集来表示。

定义 6.4 **角色集替代** 设角色集 RS_1，$RS_2 \subseteq R$，若 $\forall r \in RS_1$，都能在 RS_2 中找到一个替代，且 PERS(RS_1)＝PERS(RS_2)，称角色集 RS_2 是 RS_1 的一个替代。

定义 6.4 将定义 6.3 的角色替代推广到角色集与角色集之间。

定义 6.5 **角色约简** 设角色 $r \in R$，角色集 $RS \subseteq R$，若 pers(r)＝PERS(RS)，称 $R-\{r\}$ 是 R 的一个约简。

定义 6.5 实质上是定义 6.3 的一个子集替代。

在上述定义的基础上，我们给出如下的相关定理。

定理 6.1 安全格上所有对象概念的集合必然满足定义 6.2 条件①。

证明　对于安全背景 $K(U,P,IA)$ 上的任意用户 $u\in U$，其在安全背景 K 上的权限集为 $\{p\in P|(u,p)\in IA\}=f(\{u\})$，由对象概念的定义知，任意用户的权限集恰为该用户的对象概念的内涵。证毕。

推论 6.1　安全格上所有对象概念所诱导的角色满足最小权限原则。

证明　由定理 6.1 可知，每个用户的权限恰为该用户的对象概念的内涵。因此满足最小权限原则。证毕。

定理 6.2　设角色集 RS_1，RS_2，$RS_3\subseteq R$，若 RS_2 是 RS_1 的一个替代，RS_3 是 RS_2 的一个替代，则 RS_3 也是 RS_1 的一个替代。

证明　由于 RS_2 是 RS_1 的一个替代，RS_3 是 RS_2 的一个替代，由定义 6.4 得，$\mathrm{PERS}(RS_1)=\mathrm{PERS}(RS_2)=\mathrm{PERS}(RS_3)$。下面证 $\forall r\in RS_1$，都能在 RS_3 中找到一个替代。由于 RS_2 是 RS_1 的一个替代，由定义 6.3 和定义 6.4 知若 $\forall r\in RS_1$，都能在 RS_2 找到一个对应的替代，记为 RSr，且有 $\mathrm{pers}(r)=\mathrm{PERS}(RSr)$。设 RSr 中有 n 个元素，由于 RS_3 是 RS_2 的一个替代，则对于 $\forall r_i\in RSr$，都能在 RS_3 找到一个对应的替代，记为 RSr_i，有 $\mathrm{pers}(r_i)=\mathrm{PERS}(RSr_i)$。所以有 $\forall r\in RS_1$，在 RS_3 存在 $\bigcup\limits_{i=1\cdots n}RSr_i$ 满足 $\mathrm{pers}(r)=\mathrm{PERS}(RSr)=\mathrm{PERS}\left(\bigcup\limits_{i=1\cdots n}\{r_i\}\right)=\bigcup\limits_{i=1\cdots n}\mathrm{PERS}(\{r_i\})=\bigcup\limits_{i=1\cdots n}\mathrm{pres}(r_i)=\bigcup\limits_{i=1\cdots n}\mathrm{PERS}(RSr_i)=\mathrm{PERS}\left(\bigcup\limits_{i=1\cdots n}RSr_i\right)$。因此，$\forall r\in RS_1$，都能在 RS_3 中找到一个替代。所以，RS_3 也是 RS_1 的一个替代。

推论 6.2　若一个角色概念集诱导的角色集是所有对象概念诱导的角色集一个替代，则角色概念集必然满足定义 6.2 条件①。

证明　由定理 6.1 和定理 6.2 直接推论可证。

定理 6.2 实际上是角色替代的传递性证明。推论 6.2 则说明可以从对象概念的集合开始，不断寻找更小的角色替代集合来逐步缩小求解最小角色概念集。

定理 6.3　设 $CS\subseteq L(K)$，$C\in L(K)$，CS 是 C 的所有父概念构成的集合，若 C 不是属性概念，则 $\mathrm{INT}(CS)$ 是 $\mathrm{int}(C)$ 的一个替代。

证明　若要证明 $\mathrm{INT}(CS)$ 是 $\mathrm{int}(C)$ 的一个替代，只需证明 $\mathrm{PERS}(\mathrm{INT}(CS))=\mathrm{pers}(\mathrm{int}(C))$。

设 $C=(A,B)$，CS 中有 n 个概念。由于 CS 是 C 的父概念集合，所以对 $\forall C_i=(A_i,B_i)\in CS$，有 $B_i\subseteq B$，所以有 $\mathrm{PERS}(\mathrm{INT}(CS))=\bigcup\limits_{i=1\cdots n}B_i\subseteq\mathrm{pers}(\mathrm{int}(C))=B$。

下面用反正法证明。假定 $\bigcup\limits_{i=1\cdots n}B_i\neq B$，设 $B'=B-\bigcup\limits_{i=1\cdots n}B_i\subseteq B$，则有 B' 不为空集，且 $B'\cap\bigcup\limits_{i=1\cdots n}B_i=\varnothing$。对于 $\forall m\in B'$，由性质 2.4 可知，$(g(\{m\})$，$f(g(\{m\})))$ 为一个安全格上的概念。根据性质 2.1，$\{m\}\subseteq B\Rightarrow g(\{m\})\supseteq g(B)\Rightarrow$

$f(g(\{m\}))\subseteq f(g(B))=B$，由定义 2.9 可得，$C\leqslant(g(\{m\}),f(g(\{m\})))$。由于 C 的所有父概念集合在 CS 中，$(g(\{m\}),f(g(\{m\})))$ 不是 C 的父概念，所以只有两种情况使得 $C\leqslant(g(\{m\}),f(g(\{m\})))$ 成立：$C=(g(\{m\}),f(g(\{m\})))$ 或存在 C_i 满足 $C\leqslant C_i\leqslant(g(\{m\}),f(g(\{m\})))$。由于 C 不是属性概念，有 $C\neq(g(\{m\}),f(g(\{m\})))$。根据定义 2.9 和性质 2.2，有 $C\leqslant C_i\leqslant(g(\{m\}),f(g(\{m\})))\Rightarrow\{m\}\subseteq f(g(\{m\}))\subseteq B_i\subseteq B$，因此有 $\{m\}\subseteq B_i$，这与 $B'\cap\bigcup_{i=1\cdots n}B_i=\varnothing$ 矛盾。证毕。

推论 6.3 设 CS，$CSP\subseteq L(K)$，$C\in CS$，CSP 是 C 的所有父概念的集合，若 C 不是属性概念，则 $\mathrm{INT}(CS\cup CSP-\{C\})$ 是 $\mathrm{INT}(CS)$ 的一个替代。

证明 由定理 6.3 可知 $\mathrm{INT}(CSP)$ 是 $\mathrm{int}(C)$ 的一个替代，再根据定义 6.4 可直接推论得出。

推论 6.4 设 CS，$CSP\subseteq L(K)$，$C\in L(K)$，CSP 是 C 的所有父概念的集合，C 不是属性概念，若 $CSP\subseteq CS$，则 $\mathrm{INT}(CS-\{C\})$ 诱导的角色集是 $\mathrm{INT}(CS)$ 的一个约简。

证明 由定理 6.3 和定义 6.5 可直接推论得出。证毕。

由于角色和概念的一一对应关系。角色的替代和约简其实就是角色概念的替代和约简。定理 6.3 和推论 6.3 实质上是给出了一个寻找角色替代的方法，即可以将角色概念集合中的每个概念用它的父概念来替代的方式寻找角色集合的替代。推论 6.4 则是给出了一个约简角色集合的方法。

定理 6.4 属性概念诱导的角色集不存在其他替代。

证明 设 C 为 m 属性概念，由属性概念的定义和性质 2.4 可知，$C=(A,B)=(g(\{m\}),f(g(\{m\})))$。下面用反证法证明不存在概念 $C'=(A',B')$ 满足 $\mathrm{pers}(\mathrm{int}(C'))=B'\subseteq\mathrm{pers}(\mathrm{int}C))=B$，$m\in B'$ 且 $C'\neq C$。设存在概念 C'，根据性质 2.1 和性质 2.3 有，由于 $B'\subseteq B=f(g(\{m\}))\Rightarrow g(B')=A'\supseteq g(f(g(\{m\})))=g(\{m\})=A$，所以 $A'\supseteq A$。再由 $m\in B'$，根据性质 2.1 有，$\{m\}\subseteq B'\Rightarrow g(\{m\})=A\supseteq g(B')=A'$，所以有 $A\supseteq A'$。因此有 $A=A'$，与 $C'\neq C$ 矛盾。因此不存在角色概念，满足 $\mathrm{pers}(\mathrm{int}(C'))\subseteq\mathrm{pers}(\mathrm{int}C))$。证毕。

定理 6.4 给出了利用定理 6.3 自下而上逐个用父概念的替代来进行角色替代的终止条件。

定理 6.5 同时为属性概念和对象概念的概念必然包含在最小角色概念集中。

证明 设 C 为 m 属性概念和 g 对象概念，$C=(A,B)$。由定理 6.1 的证明过程可知，用户的对象概念的内涵与该用户的权限集相等。由定理 6.4 可知，属性概念诱导的角色不存在其他替代。因此同时为属性和对象概念的概念所诱导的角色是唯一满足用户 g 的角色。所以必然包含在最小角色概念集中。证毕。

定理 6.5 给出了必然包含在最小角色概念集中的角色概念，降低了角色替代的搜索范围。

6.4 最小角色概念集查找算法

6.4.1 算法描述

本节在上述相关定义及定理的基础上，设计了一种贪婪算法来求解最小角色概念集。算法主要思想为：从对象概念的集合开始，自下而上将集合中的角色概念逐个用父概念集合替代，直到遇到属性概念为止。在遍历过程中找到的元素个数最小的集合即是最小角色概念集。在角色概念替代的过程中，利用推论 6.4 缩减角色概念的数目。下面所述的算法 6.2 是整个算法的主算法，算法 6.1 描述的函数 *ReduceRoles* 用于概念角色的约简。

⊡ **算法 6.1 概念角色的约简算法**

Function *ReduceRoles*(*L*(*K*),*CandidateRoles*)
输入：概念格 *L*(*K*)； 候选角色概念集 *CandidateRoles*
输出：约简后的候选角色概念集 *ReduceRoleSet*
BEGIN
01 *ReduceRoleSet* :=∅；
02 DO
03   FOR each *C*∈*CandidateRoles* DO
04   IF(*C* 为属性概念)THEN
05   记 *C* 为可选角色概念；将 *C* 从 *CandidateRoles* 移至 *ReduceRoleSet*
06   ELSE IF(*C* 的父概念均为可选或必选角色概念)THEN
07   将 *C* 从 *CandidateRoles* 删除；
08   ELSE IF(*C* 有且仅有一个非可选或必选角色概念的父概念)THEN
09   *CP* :=*C*；
10   END IF；
11   END FOR；
12 UNTIL *CandidateRoles* 中概念不发生变化
13 将 *CandidateRoles* 中的所有概念移至 *ReduceRoleSet*
14 RETURN *ReduceRoleSet*；
END

在函数 *ReduceRoles* 中，*CandidateRoles* 保存原始的角色概念集合，*ReduceRoleSet* 保存约简后的角色概念集合。可选角色概念是指该概念是 *ReduceRoleSet* 集中的角色概念。必选角色概念是指该概念为最小角色概念集中的概念。

函数 *ReduceRoles* 第 06～11 行遍历 *CandidateRoles* 中的每个概念 *C*。若 *C* 为

属性概念（第 04～05 行），则由定理 6.4 知 $int(C)$ 不存在替代，故 C 必然在 Re-$duceRoleSet$ 中，将其从 $CandidateRoles$ 删除并加入 $ReduceRoleSet$。若 C 的父概念均为可选角色或必选角色概念（第 06～07 行），则根据定理 6.3 和推论 6.2，C 可以被 $ReduceRoleSet$ 中的概念替代，将其删除。若 C 的父概念中除了选角色或必选角色概念的父概念之外只有一个父概念（第 08～10 行），根据据定理 6.3 和推论 6.1，可直接用该父概念替代 C。重复上述过程，直到找不到可约简或替代的角色概念。

▢ **算法 6.2　最小角色集查找算法**

Function　$SearchMiniRole(L(K))$

输入：概念格 $L(K)$；

输出：找到的最小概念角色集 $MiniRoleSet$

BEGIN

01　$RootSet:=\{L(K)$中的所有对象概念$\}$；

02　$AttRootSet:=\{L(K)$中的所有属性概念$\}$；

03　$MiniRoleSet:=RootSet\bigcap AttRootSet$；

04　标记 $MiniRoleSet$ 中的概念为必选角色概念

05　$CandidateRoles:=RootSet-MiniRoleSet$；

06　$RoleSet:=ReduceRoles(L(K),CandidateRoles)$

07　DO

08　　$CandidateRoles:=RoleSet$

09　　FOR each $C\in CandidateRoles$ DO

10　　　IF(C 不为属性概念)AND(父概念数>2)THEN

11　　　　将 C 的所有父概念加入 $CandidateRoles$；

12　　　　$TempSet:=ReduceRoles(L(K),CandidateRoles)$；

13　　　　IF$|TempSet|\leq RoleSet$ THEN

14　　　　　$RoleSet:=TempSet$；

15　　　　END IF；

16　　　　$RoleSet:=TempSet$

17　　　END IF；

18　　END FOR；

19　UNTIL $CandidateRoles\neq RoleSet$

20　将 $CandidateRoles$ 中的所有概念移至 $MiniRoleSet$

END

　　在算法 6.2 所示的函数 $SearchMiniRole$ 中，$MiniRoleSet$ 用于保存找到的最小概念角色集。$RootSet$ 和 $AttRootSet$ 分别用于保存对象概念和属性概念。$Candi$-$dateRoles$ 用于保存角色概念集的替代。$RoleSet$ 和 $TempSet$ 用于保存角色替代过程中的临时最小概念角色集。

函数 *SearchMiniRole* 第 01~02 行初始化 *RootSet* 和 *AttRootSet*。第 06~04 行计算并标记最小角色概念集的必选角色概念，并将其保存在 *MiniRoleSet* 中。第 05 行将对象概念中的非必选角色概念保存到 *CandidateRoles* 中，作为迭代求解最小角色概念集的起始概念集合。第 06 行调用算法 6.1 的 *ReduceRoles* 函数对 *CandidateRoles* 中的角色概念进行约简。第 09~18 行对 *CandidateRoles* 中的角色概念按推论 6.3 进行父概念替代，并调用 *ReduceRoles* 函数约简。如果找到的概念集合比原有保存在 *RoleSet* 中的概念个数更少，则继续以约简后的角色概念进行进一步迭代求解最小角色概念集。第 08~20 行的 UNTIL 循环不断将 *CandidateRoles* 中的集合进行替代和约简，直至找不到更小的角色概念集为止。最后在第 21 行将找到的最小角色概念集存入 *MiniRoleSet* 中。

需要指出的是，在算法的第 09~18 行，由于只对 *CandidateRoles* 中的父概念约简后最小的角色概念集进行下一轮迭代，可能会将本轮结果不是最小、但后续迭代结果最小的角色概念集遗漏。因此，本算法不是全局最优解，而只是局部最优解，是一种贪婪算法。

设安全形式背景为 $K(U, P, IA)$。函数 *SearchMiniRole* 的时间复杂度主要依赖于第 08~20 行的 UNTIL 循环和第 09~18 行的 FOR 循环中对函数 *ReduceRoles* 的调用次数。其中，FOR 循环中 *CandidateRoles* 的元素个数小于对象概念的个数，根据定理 6.1 对象概念的个数小于用户数 $|U|$。所以 FOR 循环的次数小于 $|U|$。而 UNTIL 循环取决于角色概念由父概念向上迭代的次数，由于概念格的层数小于属性的个数，所以 UNTIL 循环的次数小于 $|P|$。

函数 *ReduceRoles* 的时间复杂度与函数 *SearchMiniRole* 类似，也取决于 UNTIL 循环和 FOR 循环的次数，同样的两者的循环次数分别小于 $|U|$ 和 $|P|$。

综上，本节算法的时间复杂度为 $O(|U|^2 |P|^2)$。

6.4.2 算法示例

下面对图 6-1 所示的安全格进行最小角色的求解，以此为例来说明本节算法的求解过程。如表 6-2 所示。

▫ **表6-2 图6-1所示安全格的求解步骤**

序号	步骤
1	得到对象概念和属性概念 *RootSet*＝{11 #，4 #，10 #，9 #，8 #}；*AttRootSet*＝{2 #，4 #，3 #，7 #，6 #}
2	找出必选角色概念 *RootSet* ∩ *AttRootSet*＝{4 #}
3	角色概念替代初始集 *CandidateRoles*＝{11 #，10 #，9 #，8 #}
4	利用函数 *ReduceRoles* 对初始集进行角色概念约简。其中 11 # 概念的两个父概念 4 # 和 8 # 分别为必选和可选角色概念，故删除 11 # 概念。约简后 *CandidateRoles*＝{10 #，9 #，8 #}

序号	步骤
5	对 *CandidateRoles* 进行第一轮第一个角色概念的替代。10＃概念被它的父概念6＃和7＃替代：*CandidateRoles*＝{6＃,7＃,9＃,8＃}
6	利用函数 *ReduceRoles* 对 *CandidateRoles* 进行约简。其中,6＃和7＃为属性概念;9＃概念的父概念5＃为仅有的既不是必选角色概念又不是 *CandidateRoles* 中的可选角色概念的概念,故用5＃概念替代9＃概念;8＃概念的两个父概念5＃和6＃分别为可选角色和必选角色,故删除。约简后 *CandidateRoles*＝{6＃,7＃,5＃}
7	约简后的 *CandidateRoles* 比当前最小角色概念集的概念数目少,故当前最小角色概念集 *RoleSet*＝{6＃,7＃,5＃}
8	对 *CandidateRoles* 进行第一轮第二个角色概念的替代。9＃概念被它的父概念5＃和7＃替代：*CandidateRoles*＝{10＃,5＃,7＃,8＃}。利用函数 *ReduceRoles* 对 *CandidateRoles* 进行约简。过程与第6、7类似,约简后当前最小角色概念集 *RoleSet*＝{6＃,5＃,7＃}
9	对 *CandidateRoles* 进行第一轮第三个角色概念的替代。8＃概念被它的父概念5＃和6＃替代：*CandidateRoles*＝{10＃,9＃,5＃,6＃}。利用函数 *ReduceRoles* 对 *CandidateRoles* 进行约简。过程与第6、7类似,约简后当前最小角色概念集 *RoleSet*＝{7＃,5＃,6＃}
10	将 *CandidateRoles* 重新赋值为当前最小角色概念集{7＃,5＃,6＃},并对 *CandidateRoles* 中的概念进行第二轮替代。过程与第5～9类似,不再赘述
11	最后得到最小角色概念集 *MiniRoleSet*＝{4＃,6＃,7＃,5＃}

由表 6-2 所示的示例过程可以发现，在自底向上进行角色概念替代时，会出现大量经由不同概念替代到达同一个概念替代的情形，如第一轮的角色概念替代中，第7～9步计算出的替代为同一个角色概念集。如何利用概念格的数学性质来避免这种重复性的计算，是提高算法性能的一个方向。

在示例的求解过程中，能发现存在两个最小角色概念集 {4＃,6＃,7＃,5＃}和{4＃,10＃,9＃,8＃}。前者是本节算法最终找到的最小角色概念集，后者是在第4步的中间结果集。一个安全格中，可能存在多个最小角色概念集。本节算法优先考虑靠近属性概念的最小角色概念集。这是由于在实际的角色分配中，单个角色的权限越小，管理越方便。

6.5 实验及讨论

为了检验算法的性能与准确性，选取随机生成的两组安全形式背景作为测试数据。测试平台硬件为 2.3GHz 的 CPU 和 3GB 内存，操作系统为 Windows XP。

在第一组安全形式背景集中，具有相同的权限数 30，用户数目从 100～500 以间隔 20 变化。测试的目的在于观察由用户数目增大导致候选角色概念增多的情况下算法的时间性能和准确度（贪婪算法所找到的最小角色概念集与真实的最小角色概念集的比例）的变化。算法的时间性能如图 6-2 所示，准确度如图 6-3 所示。可以看到随用户数目增大，算法的时间开销呈指数级增长，准确度则不断降低。这是由于用户数目的增加，导致了安全格更加庞大，搜索角色的替代所需要的时间越来越多。同时用户数目的增加导致定义 6.2 条件①的初始集增大，贪婪算法趋向于局部最优解的概率增加。

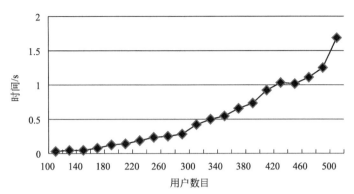

图 6-2 用户数目增大时算法的时间性能，权限数为 30

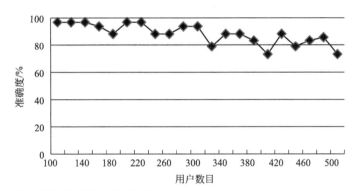

图 6-3 用户数目增大时算法的准确率，权限数为 30

　　第二组安全形式背景集具有相同的用户数 200，权限数目从 10～150 以间隔 10 变化。测试的目的在于观察由权限数目对算法的时间性能和准确度的影响。时间性能如图 6-4 所示，准确度如图 6-5 所示。由图示可知随权限数目增大，算法所需时间呈指数级增长，准确度则不断增加。这是由于权限数目的增加，导致了安全格增大，算法搜索所需要的时间也随之增多。但是权限的增多使得对满足定理 6.3 的角色替代的概率增大，这样使得贪婪算法由于角色替代的选择导致限于局部最优解的可能性降低，所以更容易找到全局最优解。

　　由两组实验的结论可以发现，对于用户数目不太多而权限非常多的情况下，本章的贪婪算法具有较高的准确率。因此比较适用于待管理资源庞大、权限管理复杂、用户数目相对不多的复杂信息系统中的角色优化问题。同时，对用户数目庞大、但权限需求同质化较高的系统（也即大量用户具有相同的权限），本章算法也能取得很好的角色最小化效果。

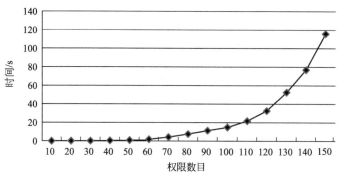

图 6-4 权限数目增大时算法的时间性能

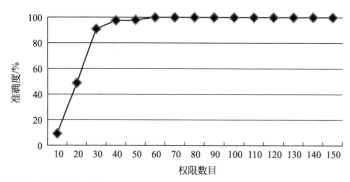

图 6-5 权限数目增大时算法的准确度

小结

本章研究了基于概念格的 RBAC 模型中的最小角色集问题，给出了最小角色集、角色替代和角色约简的定义，证明了角色替代、角色约简和最小角色的相关定理，初步建立了基于角色替代方式的最小角色集求解模型，并提出了一种基于替代和约简的最小角色集求解算法。这对降低基于概念格的 RBAC 模型的安全管理的复杂度有着积极的意义。实验和分析验证了本章相关理论和算法的有效性。

第 7 章

概念格的渐减式构造算法

在访问控制系统中，访问控制矩阵总是随时间而不断变化。例如可能会新增或注销用户、各类资源会增加或删除、主体与客体之间的访问权限也会根据需要进行调整。在复杂信息系统中由人工对角色进行维护，增加、删除角色或修改角色的权限，会带来极大的管理复杂性。因此基于概念格的角色工程方法在对角色进行维护时，必须考虑当访问控制背景变化时，如何修改访问控制概念格，使概念格模型所描述的访问控制模型与访问控制背景一致，以完成角色的自动维护工作，为管理员的人工管理提供辅助支持。

在形式概念分析理论中，将形式背景转换为概念格的过程称为概念格的构造。目前存在两大类基本的概念格构造算法——批处理构造算法[83] 和渐进式构造算法[94,127-128]。在两种构造算法中，由于渐进式构造算法能够在原有的概念格上根据形式背景的变化做相应的调整，避免了从形式背景重新构造概念格，节省了大量的时间。因此利用渐进式构造算法对访问控制概念格进行动态调整，是基于概念格模型的角色维护方法的一个基本观点[113]。目前，国内外研究人员主要关注于在原概念格上新增对象或者属性情况下的渐增式算法。这是由于早期的概念格研究的主要应用方向是数据挖掘，在该类应用中主要是新增对象或属性的场景。例如，概念格在数据挖掘的应用中，常常将数据库里表的记录（行）作为形式背景的对象，而字段（列）作为形式背景的属性。由于数据库中的记录往往随时间不断增长，与之对应的形式背景的对象也在不断增加。渐增式的概念格构造算法非常适合于此类情形。

但是在基于概念格的访问控制模型中，不仅要新增对象和属性，也需要删除一些对象和属性。如果每次当主体和客体被删除后，都重新构造概念格无疑是非常耗费时间的。因此需要研究另外一类算法——渐减式算法，即在原概念格基础上减去某些对象或者属性的渐进式算法。针对这种情况，本章关注于当形式背景的某些属性删除之后，如何快速有效地在原有的概念格上进行调整，得到新形式背景的概念格，而不是传统方式下的重新构造。本章分别在分析对象和属性删除后原概念格与新概念格之间节点的映射关系和边（节点的前驱-后继关系）的变化规律的基础上，研究在原概念格基础上删除某些对象和属性的渐减式算法。根据对概念格的遍历方式的不同，提出了自上而下和自底向上两种渐进式算法。本章的算法能够同时对概念格的节点和 Hasse 图进行渐进式的调整，具有良好的时间性能。

7.1 相关工作

概念格的构造一直是形式概念分析领域中的基础性和热点工作。其中一个非常重要的原因是概念格构造的时间和空间复杂度的制约。自 20 世纪 80 年代概念格理论正式提出以来，研究人员不断提出新的构造算法和模型[129]，各类算法及其改进算法已超过数百种之多。最快的算法性能较最初的算法已经有了数百倍的提高，计算机的硬件处理能力也以摩尔定律的速度飞速发展，但是各类应用中的数据规模增长地更快。由于数据规模（形式背景）与构造时间和空间复杂度的近似指数级的数量关系[127]，概念格的构造始终无法取得彻底的突破。从而使得概念格的构造陷入改进、数据增长、应用停滞、再改进的循环之中。

目前概念格的构造研究主要有三大类：批处理构造、渐进式构造和分布式构造。其中前两类主要用于针对单个形式背景的串行构造。

批处理构造是从形式背景中依据某种规则计算出符合概念格性质约束的所有的概念。此类算法的不足是若形式背景发生变化，每次都需要重新从形式背景构造。因此通常适用于形式背景规模较小或形式背景不发生变化的概念格构造情况。例如 Nourine 算法[83] 和 Titanic 算法[130]。

渐进式构造算法是在已构造出来的一部分形式背景的概念格上，每次新增或删除形式背景的一个对象或者属性，通过对已有概念格的调整来构造概念格。这类算法避免了从形式背景重新构造概念格，节省了大量的时间，因此一直是概念格构造算法的研究热点。大体思路是充分研究概念格的数学性质，借助概念之间的偏序关系，计算出需要产生的概念及其前驱后继节点并更新 Hasse 图。目前已经提出了一系列的渐进式算法，例如：Godin[116] 提出了一种新增对象的算法，能够同时对概念格的概念集合和 Hasse 图进行更新，该算法是第一个概念格渐进式构造算法。Merwe 等人[128] 提出的 AddIntent 算法巧妙利用递归思想在 Hasse 图上快速寻找标准产生子节点和更新节点，大大提高了构造算法的时间性能。曲立平等人提出了一种基于属性的渐进式构造算法（FIA_A 算法），该算法采用树结构对节点进行组织，以约束更新节点和产生子格节点的搜索范围，节省了概念格的构造时间[131]。Simon Andrews 等人[132] 近年提出的 In-Close 算法是目前最快的概念格构造算法之一，该算法利用增量闭包和矩阵搜索的优势，避免了传统渐进式算法的 Hasse 图搜索。

7.2　概念格的对象渐减

当删除形式背景中某个对象之后，可以在原有概念格基础上进行更新来得到新的概念格，这个渐进式的过程被称为概念格的对象渐减。本节首先介绍了对象渐减的基本定义，然后研究了概念格的节点和边发生的变化规律。以此为理论依据，提出了概念格对象渐减的相关算法，并进行了相关实验以验证算法的性能。

7.2.1　对象渐减的基本定义

当形式背景的某个对象被删除以后，形式背景对应的概念格就会发生变化，但是这种变化的程度比较有限。例如表 2-1 所示的形式背景删除对象 1 后，对应的概念格和原有的概念格相比，发生的变化如图 7-1 所示。其中，双线框表示更新节点，虚线框表示删除节点，虚线边表示删除边，粗线边表示新增边。在图 7-1 中，某些节点被删除掉了（如 3#、5#、7#）；某些节点的外延被修改了（如 1#、2#、4#，外延中的对象 1 去掉了）；还有一部分节点并没有发生任何变化（6#、8#、9#）；节点之间的边也因这种变化而做了相应地调整（如 6#、8#、9# 节点的父节点做了调整，有的边被删除了）。为了研究概念格删除对象后变化的规律，我们做如下定义：

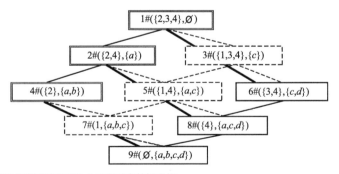

图 7-1　表 2-1 的形式背景减去对象 1 后所对应的概念格

定义 7.1　给定形式背景 $K=(G,M,I)$，$K'=(G',M,I')$，其中，$G'=G-\{x\}$，$x\in G$，$I'=I\cap G'\times M$。我们称 x 为 K 到 K' 的删除对象，K' 为 K 的减对象 x 背景，记为 $K'=K\mid^{-\{x\}}$，$L(K')$ 为 $L(K)$ 的减对象 x 概念格，记为 $L(K')=$

$L(K|^{-\{x\}})$。

形式背景 K' 上的两个映射函数可以写作（$A \subseteq G', B \subseteq M$）：

$$f'(A) = \{m \in M \mid \forall x \in A, xI'm\};$$

$$g'(B) = \{x \in G' \mid \forall m \in B, xI'm\};$$

显然，形式背景 K 上的映射函数和形式背景 K' 上的映射函数具有如下关系：

性质 7.1   当 $A \subseteq G'$ 时，$f'(A) = f(A)$

性质 7.2 $g'(B) = g(B) - \{x\}$ 且当 $x \notin g(B)$ 时，$g'(B) = g(B)$

为了有效地研究当形式背景去除某个对象 x 后概念格发生的变化，对于初始概念格中的每个概念节点，我们根据它的外延和删除对象 x 之间的关系，来定义它们的不同类型：

定义 7.2   对于概念格 $L(K)$ 上的一个概念节点 C，如果满足 $x \notin \text{Extent}(C)$，则 C 被称为是一个保留节点。形式背景 K 上所有保留节点的集合记为 $RS^{-\{x\}}(K)$。

定义 7.3   如果概念格 $L(K)$ 上的一个概念节点 C 满足：①$x \in \text{Extent}(C)$；②对于 $\forall C_1 \in CS(K)$，都有 $\text{Extent}(C_1) \neq \text{Extent}(C) - \{x\}$；则 C 被称为是一个更新节点。形式背景 K 上所有更新节点的集合记为 $MS^{-\{x\}}(K)$。

定义 7.4   如果概念格 $L(K)$ 上的一个概念节点 C 满足①$x \in \text{Extent}(C)$；②$\exists C_1 \in CS(K)$，使 $\text{Extent}(C_1) = \text{Extent}(C) - \{x\}$；则 C 被称为是一个删除节点，C_1 被称为节点 C 的删除子节点。显然，一个删除节点只有一个删除子节点，且删除子节点为保留节点。形式背景 K 上所有删除节点的集合记为 $DS^{-\{x\}}(K)$。

由定义 7.2~7.4 可知，显然有 $CS(K) = RS^{-\{x\}}(K) \cup MS^{-\{x\}}(K) \cup DS^{-\{x\}}(K)$。

7.2.2 概念格删除对象后节点的变化

根据上一节中的定义，可以通过研究 $RS^{-\{x\}}(K)$、$MS^{-\{x\}}(K)$、$DS^{-\{x\}}(K)$ 和 $CS(K|^{-\{x\}})$ 之间的关系，来研究减去某个对象 x 后概念格的变化规律。

定理 7.1   设 $C \in CS(K)$，$K' = K|^{-\{x\}}$，如果 $C \in RS^{-\{x\}}(K)$，则必然有 $C \in CS(K')$。

证明   设 $C = (A, B)$，则在形式背景 K 中有 $A = g(B)$，$B = f(A)$。在形式背景 K' 中，有 $G' = G - \{x\}$，$I' = I \cap G' \times M$。由性质 2.4 知，$g'(f'(A))$，$f'(A) \in CS(K')$。因为 C 为保留节点，故 $x \notin A \subseteq G'$，由性质 7.1 知 $f'(A) = f(A)$。所以 $f'(A) = B$，下面证 $g'(f'(A)) = A$。由性质 7.2 知 $g'(f'(A)) = g'(B) \subseteq g(B) = A$；由性质 2.2 知 $A \subseteq g'(f'(A))$，所以 $g'(f'(A)) = A$。所以 $g'(f'(A))$，$f'(A) = (A, B) = C \in CS(K')$。

由定理 7.1 可知，形式背景删除某个对象后，原概念格中的保留节点不会发生变化，会保留到新的概念格中，也即 $RS^{-\{x\}}(K) \subseteq CS(K|^{-\{x\}})$。

引理 7.1 如果 $C=(A,B)\in MS^{-\{x\}}(K)$，则有 $f(A-\{x\})=f(A)$。

证明 因为 $A-\{x\}\subseteq A$，根据性质 2.1 有 $f(A)\subseteq f(A-\{x\})$。再根据性质 2.1 有 $g(f(A-\{x\}))\subseteq g(f(A))$。根据性质 2.2 有 $A-\{x\}\subseteq g(f(A-\{x\}))$，所以 $A-\{x\}\subseteq g(f(A-\{x\}))\subseteq g(f(A))=A$。$A-\{x\}$ 和 A 只差一个元素，所以 $A-\{x\}=g(f(A-\{x\}))$ 和 $g(f(A-\{x\}))=g(f(A))$ 两个等式必然有一个成立。根据性质 2.4 知 $g(f(A-\{x\}))$ 为 $CS(K)$ 中某个概念的外延，又因为 $C\in MS^{-\{x\}}(K)$，根据定义 7.3，所以不存在节点的外延为 $A-\{x\}$，因此 $A-\{x\}\neq g(f(A-\{x\}))$。所以有 $A-\{x\}\subset g(f(A-\{x\}))$。所以 $g(f(A-\{x\}))=g(f(A))=A$。根据性质 2.3 有 $f(A-\{x\})=f(g(f(A-\{x\})))=f(A)$。所以有 $f(A-\{x\})=f(A)$。证毕。

定理 7.2 如果 $C=(A,B)\in MS^{-\{x\}}(K)$，$K'=K\mid^{-\{x\}}$，则必然有 $C'=(A-\{x\},B)\in CS(K')$。

证明 因为 $C=(A,B)\in MS^{-\{x\}}(K)$，故 $A=g(B)$，$B=f(A)$，$x\in A$。设 $C'=(g'(B)$，$f'(g'(B)))$，由性质 2.4 可知 $C'\in CS(K')$。由性质 7.2 可知 $g'(B)=g(B)-\{x\}=A-\{x\}$，由性质 7.1、7.2 及引理 7.1 可知 $f'(g'(B))=f'(g(B)-\{x\})=f(g(B)-\{x\})=f(A-\{x\})=f(A)=B$。所以有 $C'=(g'(B)$，$f'(g'(B)))=(A-\{x\},B)\in CS(K')$。证毕。

由定理 7.2 可知，删除对象 x 后，只需将概念格的更新节点 C 的外延更新为 $\mathrm{Extent}(C)-\{x\}$，就可以使其成为新概念格中的节点。

引理 7.2 设 $K'=K\mid^{-\{x\}}$，对于 $\forall C'=(A',B')\in CS(K')$，都有 $\exists C=(A,B)\in CS(K)$，其中 $A'=A-\{x\}$，$B'=B$。

证明 先证 $A'=A-\{x\}$。对 $\forall C'=(A',B')\in CS(K')$，有 $f'(A')=B'$，$g'(B')=A'$。在形式背景 K 上有 $A'\subseteq G$，$B'\subseteq M$。设 $A=g(B')$，$B=f(g(B'))$，根据性质 2.4 有 $(A,B)\in CS(K)$。由性质 7.2 知 $g'(B')=g(B')-\{x\}\Rightarrow A'=A-\{x\}$。

下面证 $B'=B$。根据性质 7.1、7.2 和 2.1 有 $g(B')\supseteq g'(B')=A'\Rightarrow B=f(g(B'))\subseteq f(A')=f'(A')=B'$，也即 $B\subseteq B'$。再由性质 2.2 知 $B'\subseteq f(g(B'))=B$，所以有 $B'=B$。证毕。

由引理 7.2 可知，背景 K 和背景 K' 上的概念节点存在如下关系：对于每个背景 K' 上的概念 C'，都能在背景 K 上找到一个概念 C，使得①$\mathrm{Intent}(C)=\mathrm{Intent}(C')$，并且②当 $\mathrm{Extent}(C)$ 中不含有被减对象 x 时，$\mathrm{Extent}(C)=\mathrm{Extent}(C')$，否则 $\mathrm{Extent}(C')=\mathrm{Extent}(C)-\{x\}$。

定理 7.3 设 $K'=K\mid^{-\{x\}}$，则集合 $RS^{-\{x\}}(K)\bigcup MS^{-\{x\}}(K)$ 中的元素和集合 $CS(K')$ 中的元素是一一对应的。

证明 设映射 u：$RS^{-\{x\}}(K)\bigcup MS^{-\{x\}}(K)\rightarrow CS(K')$。映射条件为 $\mathrm{Intent}(C)=\mathrm{Intent}(C')$，其中 $C\in RS^{-\{x\}}(K)\bigcup MS^{-\{x\}}(K)$，$C'\in CS(K')$。

先证集合 $RS^{-\{x\}}(K) \bigcup MS^{-\{x\}}(K)$ 中的元素都能在集合 $CS(K')$ 中找到对应的元素。由定理 7.1 可知，每一个集合 $RS^{-\{x\}}(K)$ 中的元素，都能在 $CS(K')$ 中找到同样的元素。和定理 7.2 可知，每一个集合 $MS^{-\{x\}}(K)$ 中的元素，也都能在 $CS(K')$ 中找到对应的元素。

再证集合 $CS(K')$ 中的元素都能在集合 $RS^{-\{x\}}(K) \bigcup MS^{-\{x\}}(K)$ 中找到对应的元素。由引理 7.2 可知，$CS(K')$ 中的元素都能在集合 $CS(K)$ 中找到对应的元素。由定义 7.1～7.3 可知，$CS(K) = RS^{-\{x\}}(K) \bigcup MS^{-\{x\}}(K) \bigcup DS^{-\{x\}}(K)$，因此只要证明没有一个 $CS(K')$ 中的元素在 $DS^{-\{x\}}(K)$ 中能找到对应元素即可。设节点 $C' = (A', B') \in CS(K')$，假定 C' 在 $DS^{-\{x\}}(K)$ 中存在内涵相同的对应的元素 $C_d = (A_d, B_d)$，则 $B_d = B'$。由引理 7.2 可知，$A' = A_d - \{x\}$。由于 $C_d \in DS^{-\{x\}}(K)$，则由定义 7.3 可知 $g \in A_d$，设 $C = (A, B)$ 为 C_d 的删除子节点，则有 $A = A_d - \{x\}$，$B \supset B_d$。由定义 7.4 知 C 为保留节点。则由定理 7.1 知，$C \in CS(K')$。与 $A' = A_d - \{x\}$ 和 $B_d = B'$ 矛盾。

所以映射 u 是 $RS^{-\{x\}}(K) \bigcup MS^{-\{x\}}(K)$ 到 $CS(K')$ 的双射，集合 $RS^{-\{x\}}(K) \bigcup MS^{-\{x\}}(K)$ 和 $CS(K')$ 的元素是一一对应的。证毕。

由定理 7.3 可知，形式背景删除某个对象后，对应的概念格不会产生新的概念（内涵没有变化），只有保留节点和更新节点。删除节点和更新节点的区别在于，删除节点的外延集减去对象 x 后形成的新概念与删除子节点重复，所以不需要保留。因此只需要针对 $CS(K)$ 中的所有概念逐个判断是否是保留节点或更新节点：根据定理 7.1，如果是保留节点则不做任何改变；根据定理 7.2，如果是更新节点，则将该节点的外延删除对象 x 进行更新，更新完成后保留；而删除节点则直接从 $CS(K)$ 中删除掉即可。

由以上定理可知，形式背景删除某个对象之后，其对应的概念格只由保留节点和更新节点构成。因此可以很容易从 $CS(K)$ 集来得到 $CS(K \mid ^{-\{x\}})$ 集。我们寻求能够在 $L(K)$ 中直接得到 $L(K \mid ^{-\{x\}})$ 的方法，也即在产生 $CS(K \mid ^{-\{x\}})$ 集的同时，得到相应的 Hasse 图。因此除了上述对节点的处理之外，还需要对节点之间的边进行处理。下面我们进一步研究，从 $L(K)$ 到 $L(K \mid ^{-\{x\}})$ 的边的变化。

7.2.3 概念格删除对象后边的变化

Hasse 图中的边仅仅存在于父节点和子节点之间，因此可以根据父子节点的变化来确定边的变化。根据概念格中节点的分类，仅需对边的更新考虑九种情况，如表 7-1 所示。

定理 7.4 如果 $C \in RS^{-\{x\}}(K)$，则 $\forall C' \in \mathrm{Child}(C)$，都有 $C' \in RS^{-\{x\}}(K)$。

证明 因为 $C' \in \mathrm{Child}(C)$，故 $\mathrm{Extent}(C') \subseteq \mathrm{Extent}(C)$，又因为 $C \in RS^{-\{x\}}(K)$，

故 $x \notin \mathrm{Extent}(C)$，所以 $x \notin \mathrm{Extent}(C')$，由定义 7.2 知 $C' \in RS^{-\{x\}}(K)$。证毕。

表 7-1　各类型父子节点对应的边的变化

序号	父节点	子节点	边的变化
1	保留节点	保留节点	不变,定理 7.5
2	保留节点	更新节点	此情况不存在,定理 7.4
3	保留节点	删除节点	此情况不存在,定理 7.4
4	更新节点	保留节点	不变,定理 7.5
5	更新节点	更新节点	不变,定理 7.5
6	更新节点	删除节点	删除,更新节点和删除节点的子节点(删除子节点)可能要新增边
7	删除节点	保留节点	删除,保留节点(删除子节点)和删除节点的父节点可能要新增边,推论 7.1
8	删除节点	更新节点	此情况不存在,推论 7.2
9	删除节点	删除节点	删除

定理 7.4 告诉我们，保留节点的子节点，还是保留节点，不可能是更新节点或删除节点。因此表 7-1 中序号 2、3 所示情况，不存在。证毕。

定理 7.5　设 $K' = K \mid^{-\{x\}}$，$C_1, C_2 \in RS^{-\{x\}}(K) \bigcup MS^{-\{x\}}(K)$，如果在 $L(K)$ 中，$C_1 < C_2$，则在 $L(K')$ 中，也有 $C_1 < C_2$。

证明：设 $C_1 = (f(B_1), B_1)$，$C_2 = (f(B_2), B_2)$，在 $L(K)$ 中，因为 $C_1 < C_2$，所以 $B_1 \supseteq B_2$ 且不存在节点 $C_3 = (f(B_3), B_3)$ 使得 $B_1 \supseteq B_3 \supseteq B_2$。由定理 7.3 知，$CS(K')$ 中没有新增内涵。所以在 $L(K')$ 中也不存在节点内涵 B_3 使得 $B_1 \supseteq B_3 \supseteq B_2$，因此有在 $L(K')$ 中，$C_1 < C_2$。证毕。

由定理 7.5 可知，如果父子节点都不是删除节点，则父子节点间的边会保留到新的概念格中。因此表 7-1 中序号 1、4、5 所示情况，边不发生变化。

定理 7.6　如果 $C_d \in DS^{-\{x\}}(K)$，C_1 为 C_d 的删除子节点，则有 $C_1 < C_d$。

证明　设 $C_d = (A_d, B_d)$ 为删除节点，$C_1 = (A_1, B_1)$ 为删除子节点。由定义 7.3 可知 $A_1 = A_d - \{x\}$，因此有 $A_1 \subseteq A_d$，且不存在集合 A' 满足 $A_1 \subseteq A' \subseteq A_d$。由概念格定义可知，$(A_1, B_1) < (A_d, B_d)$，即 $C_1 < C_d$。证毕。

由定理 7.6 可知，删除子节点必然是删除节点的子节点。

推论 7.1　设 $C_d = (A_d, B_d) \in DS^{-\{x\}}(K)$，$C_1 = (A_1, B_1)$ 为 C_d 的删除子节点，如果 $\exists C = (A, B) \leqslant C_d$，$C \in RS^{-\{x\}}(K)$，且 $C_1 \neq C$，则有 $C \leqslant C_1 < C_d$。

证明　因为 $C \leqslant C_d$ 且 $C \in RS^{-\{x\}}(K)$，则有 $A \subseteq A_d$，且 $x \notin A$。又因为 C_1 为 C_d 的删除子节点，有 $A_1 = A_d - \{x\}$。所以有 $A \subseteq A_1 = A_d - \{x\} \subseteq A_d$。因为有 $C_1 \neq C$，所以有 $C \leqslant C_1 < C_d$。证毕。

由推论 7.1 可知，删除节点的直接子节点仅有一个保留节点（删除子节点）。表 7-1 中序号 7 所示情况，一个删除节点仅有一个删除子节点。

推论 7.2 设 $K'=K\mid^{-\{x\}}$，$C_d=(A_d,B_d)\in DS^{-\{x\}}(K)$，$C_1=(A_1,B_1)$ 为 C_d 的删除子节点，如果 $C=(A,B)\in\mathrm{Child}(C_d)$，则有 $C\notin MS^{-\{x\}}(K)$。

证明 设 $C\in MS^{-\{x\}}(K)$，由 C_1 为 C_d 的删除子节点，$C\in\mathrm{Child}(C_d)$，可知在 $L(K)$ 中，C_1 和 C 不存在 $\leqslant$ 关系（由格的偏序定义知，等价于 B 和 B_1 不存在 $\subseteq$ 关系）。再由 $C\in\mathrm{Child}(C_d)$，有 $A\subseteq A_d\Rightarrow A-\{x\}\subseteq A_d-\{x\}=A_1$，因此节点更新后，在 $L(K')$ 中有 $C\leqslant C_1$（等价于 $B\subseteq B_1$）。由定理 7.3 知，$L(K')$ 和 $L(K)$ 中的概念内涵部分并不改变，矛盾。假设不成立。证毕。

推论 7.2 告诉我们，删除节点的子节点，不可能为更新节点。表 7-1 中序号 8 所示情况不存在。由定理 7.6 及推论 7.1、7.2 可知，删除节点的子节点只有两种情形：唯一的保留节点（删除子节点），或删除节点。

定理 7.7 设 $C_d=(A_d,B_d)\in DS^{-\{x\}}(K)$，$C_1=(A_1,B_1)$ 为 C_d 的删除子节点，若存在 $C_b=(A_b,B_b)\in MS^{-\{x\}}(K)\bigcup DS^{-\{x\}}(K)$ 且 $C_b\in\mathrm{Child}(\mathrm{Parent}(C_d))$，则 C_1 和 C_b 不存在 $\leqslant$ 关系。

证明 用反证法。设 $C_1\leqslant C_b$，因为 $C_b\in MS^{-\{x\}}(K)\bigcup DS^{-\{x\}}(K)$，有 $x\in A_b$。因为 C_1 为 C_d 的删除子节点，有 $A_d=A_1\bigcup\{x\}$。则 $A_1\subseteq A_b\Rightarrow A_1\bigcup\{x\}\subseteq A_b\bigcup\{x\}=A_b\Rightarrow A_d\subseteq A_b$，所以有 $C_d\leqslant C_b$，与 $C_b\in\mathrm{Child}(\mathrm{Parent}(C_d))$ 矛盾，证毕。

定理 7.7 告诉我们，删除节点的某个兄弟节点如果是更新节点，则删除子节点和该兄弟节点间不存在偏序关系 $\leqslant$。

由表 7-1 中序号 6、7、9 所示情况可以发现，删除节点只是存在于更新节点和保留节点之间。当删除节点被移除时，其父节点和子节点的边也相应地被删除，但此时需要考虑删除节点的父节点和子节点之间有没有直接的前驱后继关系。

例如，在 $L(K)$ 中，设 $C_d\in DS^{-\{x\}}(K)$，$C_1\in RS^{-\{x\}}(K)$，$C_2\in MS^{-\{x\}}(K)$，如果有 $C_1<C_d<C_2$，且不存在其他节点 C，满足 $C_1<C<C_2$，则当 C_d 被删除以后，有 $C_1<C_2$，即 C_1 和 C_2 之间会有一条边。因此，当某个节点被删除时，该节点和其他节点的边也会被删除，但是同时需要判断删除节点 C_d 的父节点 C_1 和删除子节点 C_2 是否同时又是某个节点 C 的父节点和子节点，如果没有这样的节点，则需要在 C_1 和 C_2 间新增一条边。定理 7.7 可以使我们在做这样的判断时减少不必要的比较。

7.2.4 自顶向下的对象渐减算法

由遍历方式的不同，对象渐减时可以对概念格按自底向上和自顶向下两种方式进行调整。

（1）算法思想

由前文所述可知，$L(K\mid^{-\{x\}})$ 和 $L(K)$ 相比，只有保留节点和更新节点，只

需要对删除节点父子的父子关系重新进行调整即可。因此很容易在$L(K)$的基础上进行调整来得到$L(K|^{-\{x\}})$，最直接的方法是：首先将$CS(K)$中的节点按照外延集势的大小从大到小排序，逐个判定节点的类型（保留节点、更新节点、删除节点）并对更新节点进行更新，然后重新修改删除节点的边，将删除节点删除。但是这样并没有考虑节点的先后关系，由定理7.4可知，保留节点的子节点必然是保留节点，因此没有必要再重新判定保留节点的子节点类型。

因此，可以采用如下方法，对$L(K)$进行更新：从格的最小上界节点$\sup(L(K))$出发，按照节点间的父子关系，自顶向下分别判断每个节点是否是更新节点和删除节点：如果是更新节点则将节点的外延集减去对象x；如果是删除节点，则判断是否新增删除子节点和删除节点父节点间的父子关系，并将删除节点及其父子关系从格中移除。自顶向下从$L(K)$更新为$L(K|^{-\{x\}})$的算法如算法7.1所示。

⊡ **算法7.1　自顶向下的对象渐减算法**

Procedure TDOD($L(K),x$){Top-Down Object Decremental Algorithm}
输入：原始概念格$L(K)$；删除对象x
输出：删除对象x后的格$L(K|^{-\{x\}})$
BEGIN
01　$CandidateSet := \varnothing$；
02　$VisitedSet := \varnothing$；
03　添加$\sup(L(K))$至$CandidateSet$尾；
04　WHILE $CandidateSet$ 非空 DO
05　　$C := CandidateSet[0]$；
06　　从$CandidateSet$中删除$CandidateSet[0]$；
07　　$Extent(C) := Extent(C) - \{x\}$；
08　　$isDeleteConcept := \text{False}$；
09　　FOR each $C_{child} \in Child(C)$ DO
10　　　IF(NOT $isDeleteConcept$)AND($Extent(C) = Extent(C_{child})$) THEN
11　　　　$isDeleteConcept := \text{True}$；
12　　　　$C_{deletor} := C_{child}$；
13　　　　IF C is $\sup(L(K))$ THEN
14　　　　　$\sup(L(K)) := C_{child}$；
15　　　END IF；
16　　　ELSE
17　　　　IF($C_{child}.Visted$ 没有被标记)AND($isDeleteConcept$ OR($x \in Extent(C_{child})$))THEN
18　　　　　添加C_{child}至$CandidateSet$尾；
19　　　　　给$C_{child}.candidate$置标记；
20　　　END IF；
21　　　添加C_{child}至$VisitedSet$尾；
22　　　给$C_{child}.visited$置标记；

23	END IF;
24	END FOR;
25	IF *isDeleteConcept* THEN
26	FOR each $C_{parent} \in$ Parent(C) DO
27	needEage:=True;
28	FOR each $C_{brother} \in$ Child(C_{parent}) DO
29	IF($C_{brother}$. *candidate* 没有被标记)AND($C_{brother} \neq C$)AND(Intent($C_{brother}$)⊆Intent($C_{deletor}$))THEN
30	*needEage*:=False;
31	BREAK;
32	END IF;
33	END FOR;
34	IF *needEage* THEN
35	添加边 C_{parent}→$C_{deletor}$;
36	END IF;
37	END FOR;
38	FOR each $C_{child} \in$ Child(C) DO
39	删除边 C→C_{child};
40	END FOR;
41	FOR each $C_{parent} \in$ Parent(C) DO
42	删除边 C_{parent}→C;
43	END FOR;
44	删除节点 C;
45	ELSE
46	取消 C. *candidate* 标记;
47	END IF;
48	END WHILE;
49	FOR each $C \in VisitedSet$ DO
50	取消 C. *visited* 标记;
51	END FOR
END	

在算法 7.1 中，*CandidateSet* 用于保存待处理的删除和更新节点的集合。*VisitedSet* 为保持访问过的节点集合。为了加快节点的判断速度，每个节点有 2 个标志域：*visited* 和 *candidate*，*visited* 用于标志该节点是否已判断过，*candidate* 用于标志该节点是否为删除或更新节点。

算法第 01~02 行对 *CandidateSet* 和 *VisitedSet* 进行初始化，第 03 行将 sup($L(K)$) 放入待处理节点集合，第 04~48 行的循环逐个判断 *CandidateSet* 中的节点并进行相应地处理。其中，第 05~24 行是对节点的判断和处理，第 25~47 行是对删除节点的边进行调整。

第 05～06 行从 $CandidateSet$ 中取出一个节点作为待处理节点 C，第 07 行将删除节点和更新节点中的删除对象从节点的外延集中移除。第 08～24 行是进一步判断待处理节点 C 是否为删除节点，若为删除节点，记录其删除子节点 C_{deletor}。其中第 13～15 行是判断是否需要修改 $\sup(L(K))$，如果 $\sup(L(K))$ 为删除节点，则需要将 $\sup(L(K))$ 的删除子节点作为格 $L(K\mid^{-\{x\}})$ 的 $\sup(L(K\mid^{-\{x\}}))$ 节点。第 17～20 行将包含删除对象 x 的待处理节点 C 的子节点放入 $CandidateSet$ 中。由定义 7.2、7.3、7.4 知，保留节点没有放入 $CandidateSet$ 中，由定理 7.4 知，保留节点不用考虑修改和删除，所以不需要处理。因此，除 $\sup(L(K))$ 外，$CandidateSet$ 中的节点均为删除节点和更新节点。

由表 7-1 可知，当直接父子节点中有删除节点时，需要考虑修改格的边。第 26～37 行是判断是否要在删除子节点和删除节点的父节点间新增边：当删除子节点 C_{deletor} 和兄弟节点之间不存在边时，C_{deletor} 和父节点之间增加一条边。由定理 7.7 可知，删除子节点仅可能和保留节点间存在前驱后继关系，第 29 行利用这个特性可以减少判断次数。第 38～44 行移除删除节点的父子关系，并销毁节点，使删除节点从格中删除。第 46 行和第 49～50 行是将留下的保留节点、更新节点标志复位，以便以后继续进行其他对象的删除。

算法 7.1 的时间复杂度主要取决于主 WHILE 循环和第 26～37 行的双层嵌套 FOR 循环的执行次数。假设形式背景 K 上的对象数为 $|G|$，属性数为 $|M|$，概念格 $L(K)$ 的节点数量为 $|L|$。

主 WHILE 循环执行第 26～37 行的次数依赖于所有被放入 $CSet$ 集合的删除节点的数目。由推论 7.1 可知，删除节点数等于删除子节点，所以第 26～37 行最多被执行 $|L|/2$ 次。

第 26～37 行的双层嵌套 FOR 循环需要遍历删除节点的所有父节点的子节点。在全局最优情况下，对于任何一个节点，其最大父节点的数目有 $|G|$ 个，子节点有 $|M|$。因此该循环最大循环次数不超过 $|G||M|$。

故算法 7.1 的最坏时间复杂度为 $O(|L||G||M|)$。

（2）算法示例

对于表 2-1 中所示的形式背景，记该形式背景为 K，其对应的概念格为 $L(K)$。对其对象 $x=1$ 进行约减，则新的形式背景记为 $K\mid^{-\{1\}}$。利用算法 7.1，求解概念格 $L(K\mid^{-\{1\}})$ 的过程如下：

起始状态，将最小上界节点加入 $CandidateSet$ 集合，$CandidateSet=\{1\#\}$。

第 1 轮：从 $CandidateSet$ 中取出 $C=1\#$ 作为当前节点，更新 $1\#$ 节点的外延，加入含有对象 1 的 C 的子节点 $2\#3\#$，$CandidateSet=\{2\#,3\#\}$。

第 2 轮：从 $CandidateSet$ 中取出 $C=2\#$ 作为当前节点，更新 $2\#$ 节点的外延，加入含有对象 1 的 C 的子节点 $4\#5\#$，$CandidateSet=\{3\#,4\#,5\#\}$。

第 3 轮：从 *CandidateSet* 中取出 $C=3\#$ 作为当前节点，更新 $3\#$ 节点的外延，$5\#$ 子节点已访问过，跳过，由 $6\#$ 子节点可知 $3\#$ 是删除节点。$5\#$ 和 $2\#$ 节点有父子关系，不需要在 $1\#$ 和 $5\#$ 节点间增加边。$6\#$ 和 $2\#$ 间没有父子关系，新增边（$1\#$，$6\#$）。删除边（$3\#$，$5\#$），删除边（$3\#$，$6\#$），删除边（$1\#$，$3\#$）。此时格的 Hasse 图状态如图 7-2 所示。

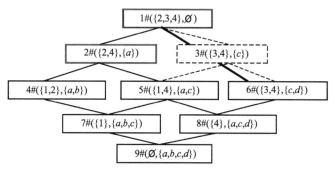

图 7-2 $3\#$ 节点作为当前节点时概念格的 Hasse 图状态

第 4 轮：从 *CandidateSet* 中取出 $C=4\#$ 作为当前节点，更新 $4\#$ 节点的外延，加入含有对象 1 的 C 的子节点 $7\#$，*CandidateSet* $=\{5\#,7\#\}$。

第 5 轮：从 *CandidateSet* 中取出 $C=5\#$ 作为当前节点，更新 $5\#$ 节点的外延，$7\#$ 子节点已访问，跳过，由 $8\#$ 子节点知 $5\#$ 是删除节点，$4\#$ 和 $7\#$ 节点有父子关系，不需要在 $2\#$ 和 $7\#$ 节点间增加边。$8\#$ 和 $4\#$ 间没有父子关系，新增边（$2\#$，$8\#$）。删除边（$5\#$，$7\#$），删除边（$5\#$，$8\#$），删除边（$2\#$，$5\#$）。此时格的 Hasse 图状态如图 7-3 所示。

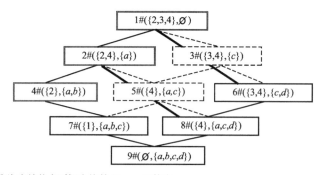

图 7-3 $5\#$ 节点作为当前节点时概念格的 Hasse 图状态

第 7 轮：从 *CandidateSet* 中取出 $C=7\#$ 作为当前节点，*CandidateSet* $=\{\ \}$，更新 $7\#$ 节点的外延，由 $9\#$ 子节点知 $7\#$ 是删除节点，在 $4\#$ 节点的子节点集合中，$7\#$ 节点没有其他兄弟节点，新增边（$4\#$，$9\#$）。删除边（$7\#$，$8\#$），

删除边（4 # ，7 # ）。此时格的 Hasse 图状态如图 7-4 所示。

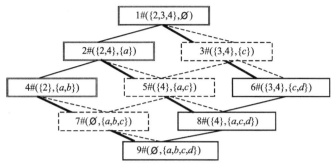

图 7-4　7 # 节点作为当前节点时概念格的 Hasse 图状态

算法结束。

对比图 7-4 和图 7-1，可以发现除了删除节点之外，其他节点和节点间的关系相同。删除节点则是外延中少了约减对象 {1}，由于删除节点已经被删除，所以得到的格就是形式背景约减对象 {1} 后所对应的概念格 $L(K\mid^{-\{x\}})$。

7.2.5　自底向上的对象渐减算法

（1）算法主要思想

观察表 7-1 中的各种情况可以发现，算法 7.1 对节点的访问顺序主要是基于定理 7.4 的结论：更新节点和删除节点不可能是保留节点的子节点。因此每次只需要判断更新节点和删除节点的子节点即可，从而减少算法的比较次数。观察表 7-1 还可以发现，更新节点的父节点必然为更新节点，删除节点的父节点必然为删除或更新节点。如果从底向上判断，则几乎不用去考虑保留节点（保留节点仅仅在需要判断是否为删除节点时才需要），这样会减少更多的判断次数。

自底向上算法的主要思想是：从概念格的最大下界出发，找到最底层的含有删除对象 x 的节点；然后遍历含有删除对象 x 的节点的所有父节点，逐个判断是更新节点还是删除节点；对更新节点的外延移去 x 对象；对删除节点的删除子节点和父节点，判断两者之间是否需要新增边，如果需要则新增边，然后将删除节点及其父子节点间的边移除。算法的关键是寻找最底层的含有删除对象 x 的节点。

定义 7.5　形式背景 $K=(G,M,I)$ 中，$x\in G$，如果 $|\text{Intent}(C)|=|f(\{x\})|$，则称 C 为对象 x 的根节点。

定理 7.8　设形式背景 $K=(G,M,I)$，$L(K)$ 为 K 对应的概念格，$x\in G$，节点 $C\in CS(K)$，如果 $x\in\text{Extent}(C)$，则 $\lceil|\text{Intent}(C)|\rceil=|f(\{x\})|$。

证明　由性质 2.4 可知，$(g(f(\{x\})))$，$f(\{x\})$ 为 $L(K)$ 的概念，所以必然存在节点 $C\in CS(K)$，使得 $|\text{Intent}(C)|=|f(\{x\})|$。

设 $C' = \{A', B'\} \in CS(K)$ 且 $x \in A'$，$|B'| > |f(\{x\})|$，$f(A') = B'$，根据性质 2.1 有，$\{x\} \subseteq A' \Rightarrow f(A') = B' \subseteq f(\{x\})$，与 $|B'| > |f(\{x\})|$ 矛盾。所以不存在节点 $C' \in CS(K)$ 且 $x \in A'$，使得 $|\text{Intent}(C')| > |f(\{x\})|$。证毕。

由定理 7.8 可知，最底层的含有删除对象 x 的节点必然是内涵大小为 $|f(\{x\})|$ 的节点。因此我们可以从概念格的最大下界出发，找到内涵大小为 $|f(\{x\})|$ 的节点，然后判断该节点是否为含删除对象 x 的节点，如算法 7.2 所示。

▣ **算法 7.2　自底向上的对象渐减算法**

Procedure BUADFx($L(K)$, x, $f(\{x\})$) {Bottom-Up Attribute Decremental with $f(\{x\})$ Algorithm}

输入：原始概念格 $L(K)$；删除对象 x；属性集 $f(\{x\})$

输出：删除对象 x 后的格 $L(K|^{-\{x\}})$

BEGIN

01 *ConceptSet* := ∅；

02 *VisitedSet* := ∅；

03 *CandidateSet* := ∅；

04 Add Inf($L(K)$) to *ConceptSet*；

05 WHILE *ConceptSet* 不为空 DO

06 　C := *ConceptSet*[Length(*ConceptSet*) − 1]；

07 　将 *ConceptSet*[Length(*ConceptSet*) − 1] 从 *ConceptSet* 中删除；

08 　FOR each $C_{\text{parent}} \in$ Parent(C) DO

09 　　IF(C_{parent}.*visited* 没有被标记) AND (|Intent(C_{parent})| > |Attribute|) THEN

10 　　　添加 C_{parent} 至 *ConceptSet* 尾；

11 　　　添加 C_{parent} 至 *VisitedSet* 尾；

12 　　　给 C_{parent}.*visited* 置标记；

13 　　ELSE

14 　　　IF(|Intent(C_{parent})| = |Attribute|) AND ($x \in$ Extent(C_{parent})) THEN

15 　　　　添加 C_{parent} 至 *CandidateSet* 尾；

16 　　　　给 C_{parent}.*Candidate* 置标记；

17 　　　　BREAK；

18 　　　END IF

19 　　END IF

20 　END FOR

21 　IF *CandidateSet* 非空 THEN

22 　　BREAK；

23 　END IF；

24 END WHILE

25 FOR each $C \in$ *VisitedSet* DO

26 　取消 C.*visited* 标记；

27 END FOR

28 WHILE *CandidateSet* not empty DO

29 　C := *CandidateSet*[0]；

30	从 *CandidateSet* 中删除 *CandidateSet*[0];
31	Extent(C):=Extent(C)−{x};
32	isDeleteConcept:=False;
33	IF C.*modified* 没有被标记 THEN
34	FOR each $C_{\text{child}}\in$Child(C) DO
35	IF($C_{\text{child}}.$ *candidate* 没有被标记)AND(Extent(C)=Extent(C_{child}))THEN
36	*isDeleteConcept*:=True;
37	$C_{\text{deletor}}:=C_{\text{child}}$;
38	BREAK;
39	END IF;
40	END FOR;
41	END IF;
42	FOR each $C_{\text{parent}}\in$Parent(C) DO
43	IF $C_{\text{parent}}.$ *candidate* 没有被标记 THEN
44	添加 C_{parent} 至 *CandidateSet* 尾;
45	$C_{\text{parent}}.$ *Candidate* 置标记;
46	END IF;
47	IF NOT *isDeleteConcept* THEN
48	给 $C_{\text{parent}}.$ *modified* 置标记;
49	END IF;
50	END FOR;
...	
	算法 7.1 的第 25~47 行
...	
51	END WHILE;
END	

推论 7.3 设形式背景 $K=(G,M,I)$，$x\in G$，C 为对象 x 的根节点，如果任意对象 x'，$x\neq x'$，都有 $f(\{x'\})\subseteq f(\{x\})$ 不成立，则 $C\in$Parent(Inf($L(K)$)) 或者 $C=$Inf($L(K)$)。

证明 因为 C 为对象 x 的根节点，由定理 7.8 可知，$|\text{Intent}(C)|=|f(\{x\})|$。由性质 2.4 可知，对于任意对象 x'，$(g(f(\{x'\})),f(\{x'\}))$ 为 $L(K)$ 的概念，且都不满足 $f(\{x'\})\subseteq f(\{x\})$，所以不存在概念 C' 满足 $C'\leqslant C$，所以当 $C\neq$Inf($L(K)$)时有 $C\in$Parent(Inf($L(K)$))。证毕。

由推论 7.3 可知，对于具有删除对象 x 的所有对象的集合 $f(\{x\})$，如果形式背景中不存在其他对象 x'，使得 $f(\{x'\})\subseteq f(\{x\})$，则对象 x 的根节点必然是 Inf($L(K)$)节点或 Inf($L(K)$) 的父节点。

在算法 7.2 中，$ConceptSet$ 和 $VisitedSet$ 用于保存寻找最底层的含有删除对象 x 的节点的格节点的集合。$CandidateSet$ 用于保存待处理的删除和更新节点的集合。和算法 7.1 相比，每个节点增加 1 个标志域 $modified$，用于标志该节点是否为更新节点。

算法 7.2 的第 01～03 行对 $ConceptSet$、$VisitedSet$ 和 $CandidateSet$ 进行初始化，第 04 行将 $\inf(L(K))$ 放入 $ConceptSet$ 集合。

第 05～24 行的循环用于寻找最底层的含有删除对象 x 的节点。循环从 $\inf(L(K))$ 出发，使用深度优先遍历，寻找内涵数和 $|f(\{x\})|$ 相等的节点，判断其外延是否含有 x 对象，如找到则退出循环。其中，第 06～07 行从 $ConceptSet$ 中取出最后一个节点作为待处理节点 C。第 08～20 行的 FOR 循环对待处理节点的父节点进行判断：如果待处理节点的父节点的内函数大于 $|f(\{x\})|$，则放入 $ConceptSet$ 中以便进一步向上一层寻找（第 9～13 行）。如果待处理节点的父节点内涵数等于 $|f(\{x\})|$，并且外延含有 x 对象，根据定理 7.8 说明已经找到最底层的含有删除对象 x 的节点，将其放入 $CandidateSet$ 中，并对该节点做 $candidate$ 标记，标志该节点为删除或更新节点（第 14～18 行）。在第 05～24 行的 WHILE 循环中，如果发现 $CandidateSet$ 中节点数不为空，则说明已找到最底层的含有删除对象 x 的节点，退出 WHILE 循环。第 25～27 行的循环恢复 $VisitedSet$ 中节点的 $visited$ 标记，以便以后继续对其他对象删除时使用。

第 28～51 行的 WHILE 循环是对所有的删除或更新节点进行处理，并调整节点间的边。循环不断将 $CandidateSet$ 的节点的父节点加入 $CandidateSet$ 中。由于最底层的含有删除对象 x 的节点是 $CandidateSet$ 中的初始节点，根据表 7-1 中的序号 5、6、8、9 的情况，含有删除对象 x 的节点（即也更新节点或删除节点）的父节点依然是有删除对象 x 的节点（也即更新节点或删除节点），因此可知所有的删除或更新节点都将被加入 $CandidateSet$ 中，并被处理。第 28～51 行 WHILE 循环依次从 $CandidateSet$ 中取出一个节点（第 29～30 行），然后将该节点的外延中的 x 对象删除（第 31 行），然后判断其是否为删除节点（第 33～41 行），并将其父节点加入 $CandidateSet$ 中作为待处理节点（第 42～50 行）。在第 33～41 行中，如果该节点没有被标记为 $modified$（用于标志更新节点），因此可能是删除节点，依次判断其子节点的外延是否和该节点相等。如相等，则说明该节点为删除节点，该子节点为删除子节点。在第 42～50 行中，对父节点进行 $candidate$ 标记（标志是否删除或更新节点），可以避免将父节点的重复加入 $CandidateSet$ 中。如果当前节点 C 在第 33～41 行中没有被判定为删除节点，则说明为更新节点。由表 7-1 可知，更新节点的父节点必然为更新节点，因此将其父节点标记为 $modified$，这样在第 33～41 行的判断中，可以减少比较次数。

如果在第 33～41 行中判断当前节点为删除节点，需要进一步调整节点间的父子关系并将其从格中删除。这个过程同算法 7.1 中第 25～47 行相同。

在某些应用中，可能只有概念格 $L(K)$ 而不知道形式背景 K，因此当需要从概念格中删除对象 x 时，并不知道 x 对象在形式背景 K 中的属性集 $f(x)$。这样算法 7.2 在这种情况下并不适用。解决问题的关键在于在不知道属性集 $f(x)$ 的情况下，如何寻找最底层的含有删除对象 x 的节点。算法 7.2 中采用的深度优先的方法并不适用这种情况，可以考虑采用广度优先按照节点的内涵数逐层遍历的方法。不需要属性集 $f(x)$ 的自底向上算法如算法 7.3 所示。

▣ 算法 7.3　不需要 f(x)的自底向上的对象渐减算法

Procedure BUAD($L(K),x$){Bottom-Up Attribute Decremental Algorithm}
输入：原始概念格 $L(K)$；删除对象 x
输出：删除对象 x 后的格 $L(K|-\{x\})$
BEGIN
01　FOR i：0 TO Intent(Inf($L(K)$)) DO
02　　$ConceptSet[i]:=\varnothing$；
03　END FOR；
04　$CandidateSet:=\varnothing$；
05　添加 Inf($L(K)$)至 $ConceptSet$[Intent(Inf($L(K)$))]尾；
06　FOR i：Intent(Inf($L(K)$)) DOWNTO 0 DO
07　　FOR each C in $ConceptSet[i]$
08　　　IF $x\in$Extent(C) THEN
09　　　　添加 C 至 $CandidateSet$ 尾；
10　　　　标记 $C.candidate$；
11　　　　BREAK；
12　　　ELSE
13　　　　FOR each $C_{parent}\in$Parent(C) DO
14　　　　　IF $C_{parent}.visited$ 没有被标记 THEN
15　　　　　　添加 C_{parent} 至 $ConceptSet$ 尾；
16　　　　　　标记 $C_{parent}.visited$；
17　　　　　END IF；
18　　　　END FOR；
19　　　END IF；
20　　END FOR；
21　　IF $CandidateSet$ 非空 THEN
22　　　BREAK；
23　　END IF；
24　END FOR；
25　FOR i：0 TO Intent(Inf($L(K)$)) DO
26　　FOR each $C\in ConceptSet[i]$ DO
27　　　取消　$C.visited$ 标记；

```
28    END FOR;
29    END FOR;
...
算法    7.2的第28～51行
...
END
```

和算法 7.2 相比，算法 7.3 的 *ConceptSet* 将把具有内涵数的节点放在同一个集合中。算法 7.3 的第 01～04 行对 *ConceptSet* 和 *CandidateSet* 进行初始化，第 05 行将 inf($L(K)$) 放入 *ConceptSet* 的第 Intent(Inf($L(K)$)) 个集合中。

第 06～24 行的最外层 FOR 循环用于寻找最底层的含有删除对象 x 的节点。根据节点内涵数的降序，最外层 FOR 循环依次寻找 *ConceptSet*[i] 中是否有含 x 对象的节点，如找到则将其放入 *CandidateSet* 中，并对该节点做 *candidate* 标记，标志该节点为删除或更新节点（第 08～11 行）。然后退出（第 21～23 行）。在此过程中，不断将 *ConceptSet*[i] 中节点的父节点根据其内涵数放入相应的 *ConceptSet* 中（第 13～18 行）。第 25～29 行的循环恢复 *ConceptSet* 中节点的 *visited* 标记，以便以后继续对其他对象删除时使用。对删除节点的删除以及父子关系的调整，同算法 7.1 中第 23～46 行相同。

在实际应用中，因为形式背景的对象可能会不断地更新变化，为了提高算法的效率，可以预先将格的节点按照属性数的多少预先存入算法 7.2 中所示的 *ConceptSet* 二维指针数组之中，这样每次只需要根据待删除对象 x 在形式背景 K 上的属性集 $f(x)$ 的元素个数，直接在 *ConceptSet*[$| f(x) |$] 中求最底的含 x 节点即可。

（2）算法示例

对于表 2-1 中所示的形式背景，记该形式背景为 K，其对应的概念格为 $L(K)$。对其对象 $x=1$ 进行删除，则新的形式背景记为 $K |^{-\{1\}}$。利用算法 7.2，自底向上求解概念格 $L(K |^{-\{1\}})$ 的过程如下：

起始状态，将最大下界节点加入 *ConceptSet* 集合，*ConceptSet*＝{9#}。

下面寻找最底层的含有删除对象 x 的节点：

第 0 轮：从 *ConceptSet* 取出 C＝9# 节点作为当前节点，*ConceptSet*＝{ }。判断 9# 节点的父节点 7#，|Intent(7#)|＝3，外延包含 x 节点，将 7# 节点加入 *CandidateSet*＝{7#}。

下面开始循环对格进行更新：

第 1 轮：从 *CandidateSet* 中取出 C＝7# 作为当前节点，更新 7# 节点的外延，在子节点中找到删除子节点 C_{deletor}＝9#，判定当前节点为删除节点，将父节

点加入 $CandidateSet = \{4\#, 5\#\}$，增加边（$4\#, 9\#$），删除边（$4\#, 7\#$），删除边（$5\#, 7\#$），删除边（$7\#, 9\#$）。此时格的 Hasse 图状态如图 7-5 所示。

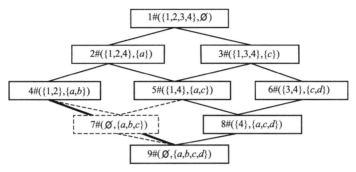

图 7-5 7# 节点作为当前节点时概念格的 Hasse 图状态

第 2 轮：从 $CandidateSet$ 中取出 $C = 4\#$ 作为当前节点，更新节点的外延，没有子节点为删除子节点，判定为更新节点，将父节点 2# 加入 $CandidateSet = \{5\#, 2\#\}$，将 2# 标记为更新节点。

第 3 轮：从 $CandidateSet$ 中取出 $C = 5\#$ 作为当前节点，在子节点中找到删除子节点 $C_{\text{deletor}} = 8\#$，判定当前节点为删除节点，将父节点 3# 加入 $CandidateSet = \{2\#, 3\#\}$，增加边（$2\#, 8\#$），删除边（$2\#, 5\#$），删除边（$5\#, 8\#$），删除边（$3\#, 5\#$）。此时格的 Hasse 图状态如图 7-6 所示。

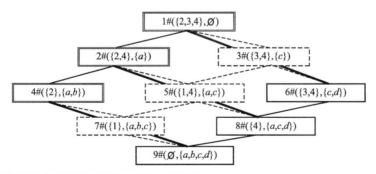

图 7-6 5# 节点作为当前节点时概念格的 Hasse 图状态

第 4 轮：从 $CandidateSet$ 中取出 $C = 2\#$ 作为当前节点，由 modifed 标记知 2# 为更新节点，将父节点 1# 加入 $CandidateSet = \{3\#, 1\#\}$，将 1# 标记为更新节点。

第 5 轮：从 $CandidateSet$ 中取出 $C - 3\#$ 作为当前节点，在子节点中找到删除子节点 $C_{\text{deletor}} = 6\#$，判定当前节点为删除节点，没有未处理的父节点，*Candi-*

$dateSet = \{1\#\}$，增加边（$1\#$，$5\#$），删除边（$1\#$，$3\#$），删除边（$3\#$，$6\#$）。此时格的 Hasse 图状态如图 7-7 所示。

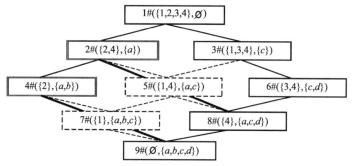

图 7-7　$3\#$ 节点作为当前节点时概念格的 Hasse 图状态

第 6 轮：从 $CandidateSet$ 中取出 $C = 1\#$ 作为当前节点，由 modifed 标记知 $1\#$ 为更新节点，没有父节点，$CandidateSet = \{\ \}$。

算法结束。

对比图 7-7 和图 7-1，可以发现除了删除节点之外，其他节点和节点间的关系相同。所以得到的格就是形式背景约减对象 $\{1\}$ 后所对应的概念格 $L(K\,|^{-\langle x\rangle})$。

算法 7.3 的过程和算法 7.2 相似，算例省略。

7.2.6　实验及其讨论

为了验证算法的有效性，我们使用 Delphi7 编程实现了本章提出的算法 7.1（TDOD）、算法 7.2（BUODFx）、算法 7.3（BUOD）、Godin 算法[116]、AddIntent 算法[117]、FIA＿A[120] 算法以及 In-Close 算法[121]。Godin 算法是最经典的概念格构造算法，AddIntent 算法是最快的基于对象的渐进式算法之一，FIA＿A 算法是渐增属性的算法，In-Close 算法是近年出现最快的概念格构造算法之一。因此选取这几个算法与本章所述的算法进行实验性能比较，具有代表性的意义。我们在 CPU 主频为 1.5GHz、内存为 3GB、操作系统为 WindowsXP 的计算机上进行实验来对比算法的性能。为了使实验结果更具有统计意义，对于实验所用到的形式背景和概念格，我们一共随机产生了 5 组数据。每个算法的性能均是在这 5 组数据的平均值。

实验的 5 组形式背景数据的规格为，属性个数固定为 20，对象属性间存在关系的概率为 0.30，对象个数从 50 开始，每次递增 50 个，直至 1000 为止，共包含 20 个形式背景。首先分别使用 TDOD、BUODFx 和 BUOD 算法将所有概念格的第 1 个属性减去并记录算法时间。再将所有形式背景的第 1 个属性减去，然后分别采用 Godin 算法、FIA＿A 算法、AddIntent 算法、In-Close 算法和构造概念格并记录构造时间。实验结果如图 7-8、图 7-9 和图 7-10 所示。由于 TDOD、BUODFx 与 BUOD 等算法与其他重新构造的方式相比，时间性能快得多，放在同一个图中无法区分，因此，TDOD、BUODFx 与 BUOD 等算法的性能对比放单独放在图 7-10 中，而在图 7-8 和图 7-9 中仅仅使用 BUOD 算法的数据参与对比。基于同样的原因，与 Godin、FIA_A、AddIntent 等算法相比，In-Close 与 BUOD 等算法的时间性能快得多，放在同一个图中区分不开，在图 7-9 中专门对 In-Close 与 BUOD 算法的时间性能对比，在图 7-8 中对 Godin、FIA_A、AddIntent 与 BUOD 等算法进行对比。

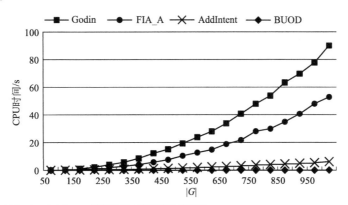

图 7-8 Godin、FIA_A、AddIntent 和 BUOD 算法的性能对比

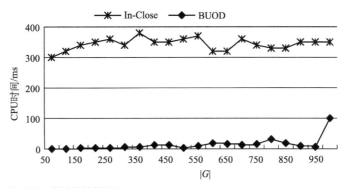

图 7-9 In-Close 和 BUOD 算法的性能对比

在图 7-8 与图 7-9 中，我们可以看到，随着形式背景对象数目的增大，将对象从形式背景删除后，再采用 Godin、FIA_A、AddIntent、In-Close 等算法重新从形式背景构造概念格的时间也越来越长。而利用 BUOD 算法直接从形式背景对应的概念格减对象得到概念格，比上述重新构造概念格的算法能节省大量的计算时间。

在如图 7-10 所示的 TDOD、BUODFx 与 BUOD 三种算法的 CPU 时间对比中，总体上 TDOD 算法耗费的 CPU 时间较少。这是由于 BUODFx 与 BUOD 算法需要耗费大量的时间去寻找最底层含删除对象 x 的节点。大部分情况下 BUODFx 算法较 BUOD 算法的时间性能好，这是由于 BUODFx 算法已知含删除对象 x 的节点的内涵，可以采用深度优先算法尽快找到删除对象 x 的节点。

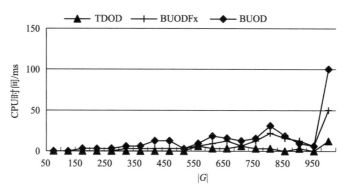

图 7-10 TDOD、BUODFx 和 BUOD 算法的性能对比

在图 7-10 中，还可以发现整体上三种算法的 CPU 时间随着对象数 $|G|$ 的增大而增大。但是 BUODFx 算法和 BUOD 算法的曲线的跳跃幅度远比 TDOD 算法曲线的跳跃幅度大。这是由于对不同的形式背景，最底层含删除对象 x 的节点在格中的位置不同。这种情况可以在图 7-11 中得到验证。图 7-11 是三种算法对 5 组形式背景数据集进行计算的时间的方差，可以看到相对于 TDOD、BUODFx 和 BUOD 的方差比较大。

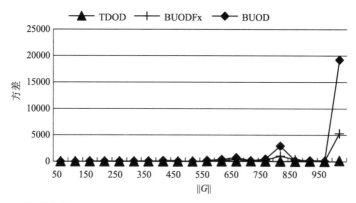

图 7-11 5 组 CPU 时间的方差

实验表明，本章所提出的概念格渐减对象算法是有效的。当由于实际的应用领域中，如果因形式背景的对象发生变化，需要删除某些对象时，利用本章算法从原有概念格中将对象直接删除掉，比重新从形式背景构造概念格所需的时间要少得多。

7.3 概念格的属性渐减

当删除形式背景中某个属性之后，可以在原有概念格基础上进行更新来得到新的概念格，这个渐进式的过程被称为概念格的属性渐减。本节首先介绍了属性渐减的基本定义，然后研究了概念格的节点和边发生的变化规律，提出了从原概念格渐进式产生新概念格的理论和算法，并进行了相关实验以验证算法的性能。实验及分析表明，当属性减少时，本节算法比传统算法能省大量的运行时间。

概念格的属性渐减是对象渐减的对偶过程。根据概念格的对偶性原理，属性渐减的相关定理可以从对象渐减的证明过程得到。因此，本节中将不再对相关定理的进行详细证明，并略去对相关算法的举例。

7.3.1 属性渐减的基本定义

形式背景的属性删除后，所诱导的概念格中的概念和原概念格中的概念具有一定的关系。例如，将表 7-2 中的属性 a 减去后，某些节点会被删除掉或内涵被修改，而节点之间的边也随之做了相应地调整。如图 7-12 所示，其中，双线框表示更新节点，虚线框表示删除节点，虚线边表示删除边，粗线边表示新增边。为了方便研究这种变化的规律，我们做以下定义：

⊡ **表 7-2　形式背景示例**

对象	属性				
	a	b	c	d	e
1	0	0	0	1	0
2	1	0	1	0	0
3	0	1	0	1	1
4	1	1	0	0	1

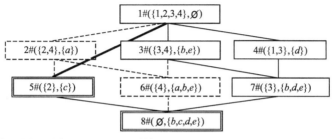

图 7-12　表 7-2 的形式背景减去属性 1 后所诱导的概念格

定义 7.6 给定形式背景 $K=(G,M,I)$，$K'=(G,M',I')$，其中，$M'=M-\{m\}$，$m\in M$，$I'=I\bigcap G\times M'$。我们称 m 为 K 到 K' 的删除属性，K' 为 K 的减属性 m 背景，记为 $K'=K|_{-\{m\}}$，$L(K')$ 为 $L(K)$ 的减属性 m 概念格，记为 $L(K')=L(K|_{-\{m\}})$。

形式背景 K' 上的两个映射函数分别用 f' 和 g' 表示。显然，有如下关系成立：

性质 7.3 当 $B\subseteq M'$ 时，$g'(B)=g(B)$。

性质 7.4 $f'(A)=f(A)-\{m\}$ 且当 $m\notin f(A)$ 时，$f'(A)=f(A)$。

为了研究概念格删除属性后改变的规律，我们根据原始概念格 $L(K)$ 中每个概念节点 C 的内涵和删除属性 m 之间的关系，定义它们的不同类型：

定义 7.7 如果 $m\notin \text{Intent}(C)$，则 C 被称为是一个保留节点。形式背景 K 上所有保留节点的集合记为 $RS_{-\{m\}}(K)$。

定义 7.8 如果①$m\in \text{Intent}(C)$；②对于 $\forall C_1\in CS(K)$，都有 $\text{Intent}(C_1)\neq \text{Intent}(C)-\{m\}$；则 C 被称为是一个更新节点。所有更新节点的集合记为 $MS_{-\{m\}}(K)$。

定义 7.9 如果①$m\in \text{Intent}(C)$；②$\exists C_1\in CS(K)$，使 $\text{Intent}(C_1)=\text{Intent}(C)-\{m\}$，则 C 被称为是一个删除节点，C_1 被称为节点 C 的删除基。显然，删除基节点是删除节点的父节点，一个删除节点只有一个删除基节点，且删除基节点为保留节点。所有删除节点的集合记为 $DS_{-\{m\}}(K)$。

由定义 7.7~7.9 可知，显然有 $CS(K)=RS_{-\{m\}}(K)\bigcup MS_{-\{m\}}(K)\bigcup DS_{-\{m\}}(K)$。

7.3.2 概念格删除属性后节点的变化

本节通过研究 $RS_{-\{m\}}(K)$、$MS_{-\{m\}}(K)$、$DS_{-\{m\}}(K)$ 和 $CS(K|_{-\{m\}})$ 之间的关系，来研究概念格删除属性后的 $CS(K)$ 和 $CS(K|_{-\{m\}})$ 的关系。

定理 7.9 设 $C\in CS(K)$，$K'=K|_{-\{m\}}$，如果 $C\in RS_{-\{m\}}(K)$，则必然有 $C\in CS(K')$。

（由概念格的对偶原理可证，过程略）

由定理 7.9 可知，形式背景删除属性 m 后，原概念格中的保留节点会保留到新的概念格中。也即 $RS_{-\{m\}}(K)\subseteq CS(K|_{-\{m\}})$。

引理 7.3 如果 $C=(A,B)\in MS_{-\{m\}}(K)$，则有 $g(B-\{m\})=g(B)$。

（由概念格的对偶原理可证，过程略）

定理 7.10 如果 $C=(A,B)\in MS_{-\{m\}}(K)$，$K'=K|_{-\{m\}}$，则必然有 $\exists C'=(A,B-\{m\})\in CS(K')$。

（由概念格的对偶原理可证，过程略）

由定理 2 可知，删除属性 m 后，原概念格的更新节点 C 只需将内涵更新为 Intent(C)$-\{m\}$，就可以成为新概念格中的节点。

引理 7.4 设 $K'=K|_{-\{m\}}$，对于 $\forall C'=(A',B')\in CS(K')$，都有 $\exists C=(A,B)\in CS(K)$，其中 $A'=A$，$B'=B-\{m\}$。

（由概念格的对偶原理可证，过程略）

定理 7.11 设 $K'=K|_{-\{m\}}$，则集合 $RS_{-\{m\}}(K)\bigcup MS_{-\{m\}}(K)$ 中的元素和集合 $CS(K')$ 中的元素是一一对应的。

（由概念格的对偶原理可证，过程略）

为了能够在产生 $CS(K|_{-\{m\}})$ 集的同时，建立相应的 Hasse 图，还需要对节点之间的边进行处理。下面我们进一步研究，从 $L(K)$ 到 $L(K|_{-\{m\}})$ 的边的变化。

7.3.3 概念格减属性后边的变化

Hasse 图中的边仅仅存在于父节点和子节点之间，因此可以根据父子节点的变化来确定边的变化。根据节点的分类，仅需考虑九种情况，如表 7-3 所示。

▫ **表 7-3 各类型父子节点间边的变化**

序号	父节点	子节点	边的变化
1	保留节点	保留节点	不变,定理 7.13
2	保留节点	更新节点	不变,定理 7.13
3	保留节点	删除节点	删除,父节点(保留节点)和子节点(删除节点)的子节点之间可能要新增边,推论 7.4
4	更新节点	保留节点	此情况不存在,定理 7.12
5	更新节点	更新节点	不变,定理 7.13
6	更新节点	删除节点	此情况不存在,推论 7.5
7	删除节点	保留节点	此情况不存在,定理 7.12
8	删除节点	更新节点	删除,父节点的父节点(删除基节点)和子节点(更新节点)可能要新增边
9	删除节点	删除节点	删除

定理 7.12 如果 $C\in RS_{-\{m\}}(K)$，则 $\forall C'\in\text{Parent}(C)$，都有 $C'\in RS_{-\{m\}}(K)$。

（由概念格的对偶原理可证，过程略）

定理 7.12 告诉我们，保留节点的父节点，必然还是保留节点。因此表 7-3 中序号 4、7 所示情况不存在。

定理 7.13 设 $K'=K|_{-\{m\}}$，C_1，$C_2\in RS_{-\{m\}}(K)\bigcup MS_{-\{m\}}(K)$，如果在 $L(K)$ 中，$C_1<C_2$，则在 $L(K')$ 中，也有 $C_1<C_2$。

（由概念格的对偶原理可证，过程略）

由定理 7.13 可知，如果父子节点都不是删除节点，则父子节点间的边会保留到新的概念格中。因此表 7-3 中序号 1、2、5 所示情况，边不发生变化。

定理 7.14 如果 $C_d \in DS_{-\{m\}}(K)$，C_1 为 C_d 的删除基节点，则有 $C_d < C_1$。

（由概念格的对偶原理可证，过程略）

推论 7.4 设 $C_d \in DS_{-\{m\}}(K)$，C_1 为 C_d 的删除基节点，如果 $\exists C \in RS^{-\{x\}}(K)$ 满足 $C_d \leqslant C$，且 $C \neq C_1$，则有 $C_d \leqslant C_1 < C$。

（由概念格的对偶原理可证，过程略）

由推论 7.4 可知，删除节点的直接父节点仅有一个保留节点（删除基节点）。表 7-3 中序号 3 所示情况，一个删除节点仅有一个删除基节点。

推论 7.5 设 $C_d \in DS(K|^{-\{x\}})$，C_1 为 C_d 的删除基节点，如果 $C \in \text{Parent}(C_d)$，则有 $C \notin MS^{-\{x\}}(K)$。

（由概念格的对偶原理可证，过程略）

推论 7.5 告诉我们，删除节点的父节点，不可能为更新节点。表 7-3 中序号 6 所示情况不存在。由定理 7.14 及推论 7.4、7.5 可知，删除节点的子节点只有两种情形：唯一地保留节点（删除基节点），或删除节点。

对于表 7-3 中序号 3、8、9 所示情况，可以发现，删除节点存在于更新节点和保留节点之间。当删除节点被移除时，其父节点和子节点的边也相应的被删除，但此时需要考虑删除节点的父节点（仅需考虑为删除基节点时的情况）和子节点之间有没有直接前驱后继关系：当删除节点的子节点的所有父节点都和删除基节点不存在 $\leqslant$ 关系时，删除基节点和删除节点的子节点需要新增边。定理 7.15 可以使我们在判断删除节点的子节点的所有父节点是否和删除基节点有 $\leqslant$ 关系时，减少不必要的比较。

定理 7.15 设 $C_d = (A_d, B_d) \in DS_{-\{m\}}(K)$，$C_1 = (A_1, B_1)$ 为 C_d 的删除基节点，若存在 $C_b = (A_b, B_b) \in MS_{-\{m\}}(K) \bigcup DS_{-\{m\}}(K)$ 且 $C_b \in \text{Parent}(\text{Child}(C_d))$，则 $C_b \leqslant C_1$ 不成立。

（由概念格的对偶原理可证，过程略）

定理 7.15 告诉我们，删除节点 C_d 的某个子节点的父节点 C_b，如果是更新节点或删除节点，则 C_b 和删除基节点 C_1 间不存在偏序 $\leqslant$ 关系。

7.3.4 自底向上的属性渐减算法

由遍历方式的不同，属性渐减时可以对格按自底向上和自顶向下两种方式进行调整。

自底向上从 $L(K)$ 更新为 $L(K|_{-\{m\}})$ 算法的主要思想是：从格的最大下界节点 $\inf(L(K))$ 出发，按照节点间的父子关系，自底向上分别判断每个节点是否是更新节点和删除节点，并进行相应的节点更新、节点删除及边的调整，如算法 7.4 所示。

⊡ **算法 7.4　自底向上的属性渐减算法**

Procedure BUAD($L(K)$,m){Bottom-Up Attribute Decremental Algorithm}

输入：原始概念格 $L(K)$；删除属性 m

输出：删除属性 m 后的格 $L(K|-\{m\})$

BEGIN

01　$Vset$:$=\varnothing$；$CSet$:$=\{\inf(L(K))\}$；

02　WHILE $CSet\neq\varnothing$ DO

03　　移出 $CSet[0]$ 到 C；$Intent(C)$:$=Intent(C)-\{m\}$；

04　　Cdb:$=\varnothing$；

05　　FOR each $CP\in Parent(C)$ DO

06　　　IF($C_{db}=\varnothing$)AND($Intent(C)=Intent(CP)$) THEN

07　　　　C_{db}:$=CP$；

08　　　　IF $C=\inf(L(K))$ THEN $\inf(L(K))$:$=CP$；END IF

09　　　ELSE

10　　　　IF(CP 没有被置 vs 标记)AND(($C_{db}\neq\varnothing$) OR($m\in Intent(CP)$)) THEN

11　　　　　添加 CP 至 $CSet$ 尾；给 CP 置 cs 标记；

12　　　　END IF；

13　　　　添加 CP 至 $VSet$ 尾；给 CP 置 vs 标记；

14　　　END IF；

15　　END FOR；

16　　IF $C_{db}\neq\varnothing$ THEN

17　　　FOR each $CC\in Child(C)$ DO

18　　　　$needEage$:$=True$；

19　　　　FOR each $C_{cp}\in Parent(CC)$DO

20　　　　　IF(C_{cp} 没有被置 cs 标记)AND($C_{cp}\neq C$) AND ($Extent(C_{cp})\subseteq Extent(C_{db})$) THEN

21　　　　　　$needEage$:$=False$；BREAK；

22　　　　　END IF；

23　　　　END FOR；

24　　　　IF $needEage$ THEN 新增边 $Cdb\rightarrow CC$；END IF

25　　　END FOR；

26　　　FOR each $CP\in Parent(C)$ DO 删除边 $CP\rightarrow C$；END FOR

27　　　FOR each $CC\in Child(C)$ DO 删除边 $C\rightarrow CC$；END FOR

28　　　从 $L(K)$ 中移除并销毁节点 C；

29　　ELSE

30　　　取消 C 的 cs 标记；

31　　END IF；

32　END WHILE；

33　取消集合 $VSet$ 中节点的 vs 标记；

END

在算法 7.4 中，$CSet$ 用于保存待处理的删除和更新节点的集合，$VSet$ 为保持访问过的节点集合，C_{db} 用于记录当前节点 C 的删除基节点，$needEage$ 用于标志是否在删除基节点和删除节点的子节点间新增。为了加快节点的判断速度，每个节点有 2 个标志域：vs 用于标志该节点是否已判断过，cs 用于标志该节点是否为删除或更新节点。

算法 7.4 第 01 行对 $CSet$ 和 $VSet$ 进行初始化，将 $\inf(L(K))$ 放入 $CSet$，第 02～32 行是算法的主循环。算法在第 03～15 行对节点类型的判断和处理，并将更新、删除节点加入 $CSet$ 中。其中，第 06～09 行判断待处理节点 C 是否为删除节点，并记录删除节点的删除基节点。由于删除基节点只有一个，因此当找到删除基节点后（$C_{db} \neq \varnothing$）便不再判断。第 08 行是判断是否需要修改 $\inf(L(K))$，如果 $\inf(L(K))$ 为删除节点，则需要将 $\inf(L(K))$ 的删除基节点作为格 $L(K|_{-\{m\}})$ 的 $\inf(L(K|_{-\{m\}}))$ 节点。第 10～12 行将包含删除属性 m 的节点 C 的父节点放入 $CSet$ 中。在第 10 行的判断语句中，第一个判断条件（C_P 没有被置 vs 标记）是为了避免重复判断，第二个判断条件（$C_{db} \neq \varnothing$）是因为此时 C 是删除节点，其父节点必然是删除节点（表 7-3 中的另一种情况，删除节点的父节点是保留节点——删除基节点的情况已在第 06～09 行处理）。由表 7-3 可知，保留节点的父节点不可能是删除或更新节点，因此，除 $\inf(L(K))$ 外，$CSet$ 中的节点均为删除节点和更新节点。同时概念格 $L(K)$ 中的删除节点和更新节点均被放入 $CSet$ 中。

算法在第 16～29 行对删除节点的边进行调整，并将删除节点从格中删除。其中，第 20 行的判断语句中，判断条件（CP 没有被置 cs 标记）是利用定理 7.15 的结论减少判断次数。算法在第 30 行和第 33 行将保留节点、更新节点的 vs 和 cs 标志复位，以便以后继续进行其他属性的删除。

算法的时间复杂度主要取决于主 WHILE 循环和第 17～25 行的双层嵌套 FOR 循环的执行次数。算法的时间复杂度可以看作两者的乘积。假设形式背景 K 上的对象数为 $|G|$，属性数为 $|M|$，概念格 $L(K)$ 的节点数量为 $|L|$，某节点 $C=(A,B)$ 的对象数为 $|A|$，属性数为 $|B|$。

先分析主 WHILE 循环的执行次数。根据循环终止条件，WHILE 循环依赖于所有被放入 $CSet$ 集合的节点总个数。由算法 7.1 的伪代码可知，被放入 $CSet$ 集合的节点是所有的删除节点和更新节点，且仅放入一次。而算法第 16～31 行是对删除节点进行处理。根据定义 7.9 可知，概念格的保留节点的数量必然不少于删除节点。因此，概念格 $L(K)$ 中的删除节点最多有 $|L|/2$ 个。

下面分析第 17～25 行的双层嵌套 FOR 循环的执行次数。该循环主要判断是否应在删除节点的子节点和删除基节点之间增加边，需要遍历删除节点的所有子节点的所有父节点。而算法的全局最坏时间复杂度的情况是，对于给定的 $|G|$ 和 $|M|$，概念格中的节点数目达到最多。此时，M 的任何一个子集都能成为一个概念的内涵，或者 G 的任何一个子集都能成为一个概念的外延。也即，任何一对父子概念的内涵仅相差一个属性，或者外延仅相差一个对象。因此，对格中的每一个概念 C 而言，最多有 $|B|$ 个父概念，$|A|$ 个子概念。令 $|B|$ 和 $|A|$ 分别取上界 $|G|$ 和 $|M|$，则在全局最坏情

况下，双层嵌套 FOR 循环最大循环次数不超过 $|G| \cdot |M|$。

综上所述，WHILE 循环遍历删除节点不超过 $|L|/2$ 次，第 17～25 行的双层嵌套循环遍历删除节点的所有子节点的所有父节点不超过 $|G||M|$ 次。故本节的渐减式算法 7.4 的最坏时间复杂度为 $O(|L||G||M|)$，优于文献 [57] 渐增式算法的时间复杂度 $O(|L||G|^2|M|)$。

7.3.5　自顶向下的属性渐减算法

观察表 7-3 可以发现：更新节点的子节点必然为更新节点，删除节点的子节点必然为删除或更新节点。则如果找到某个节点含有 m 属性，则该节点所有的子孙节点都含有 m 属性。如果自顶向下判断，则几乎不用去考虑保留节点（仅仅在需要判断是否为删除节点时才需要），这样会减少判断次数。

自顶向下算法的主要思想是：从概念格的最小上界出发，找到最顶层的含有删除属性 m 的节点；然后遍历含有删除属性 m 的节点的所有子孙节点，逐个判断是更新节点还是删除节点；对更新节点，删除内涵中的 m 属性；对删除节点，判断删除基节点和子节点之间是否需要新增边，将删除节点和父子节点间的边移除，销毁删除节点。算法的关键是寻找最顶层的含有删除属性 m 的节点。

定义 7.10　形式背景 $K = (G, M, I)$ 中，$m \in M$，如果 $|\text{Extent}(C)| = |g(\{m\})|$，则称 C 为属性 m 的根节点。

定理 7.16　设形式背景 $K = (G, M, I)$，$m \in M$，节点 $C \in CS(K)$，如果 $m \in \text{Intent}(C)$，则 $\lceil |\text{Extent}(C)| \rceil = |g(\{m\})|$。

（由概念格的对偶原理可证，过程略）

由定理 7.16 可知，最顶层的含有删除属性 m 的节点必然是外延大小为 $|g(\{m\})|$ 的节点，也即属性 m 的根节点。因此我们可以从概念格的最小上界出发，先寻找内涵大小为 $|g(\{m\})|$ 的节点，然后判断该节点是否为含删除属性 m 的节点。

推论 7.6　设形式背景 $K = (G, M, I)$，$m \in M$，C 为属性 m 的根节点，如果不存在属性 m'，$m \neq m'$，使得 $g(\{m'\}) \supseteq g(\{m\})$ 成立，则 $C \in \text{Child}(\sup(L(K)))$ 或者 $C = \sup(L(K))$。

（由概念格的对偶原理可证，过程略）

由推论 7.6 可知，对于具有删除属性 m 的所有对象的集合 $g(\{m\})$，如果形式背景中不存在其他属性 m'，使得 $g(\{m'\}) \supseteq g(\{m\})$，则属性 m 的根节点必然是 $\sup(L(K))$ 节点或 $\sup(L(K))$ 的子节点。

自底向上属性渐减算法如算法 7.5 所示。在算法 7.5 中，为了寻找属性 m 的根节点，需要从 $\sup(L(K))$ 节点出发，往下检查格节点。$DSet$ 和 $VSet$ 是用于保存这些节点的集合。$CSet$ 用于保存待处理的删除和更新节点的集合。和算法 7.3 相比，每个节点增加一个标志域 ms，用于标志该节点是否为更新节点。

□ **算法 7.5　自顶向下的属性渐减算法**

Procedure TDAD($L(K),m,g(\{m\})$){Top-Down Attribute Decremental Algorithm}
输入：原始概念格 $L(K)$；删除属性 m；对象集 $g(\{m\})$
输出：删除属性 m 后的格 $L(K|-\{m\})$
BEGIN
01　$CSet:=\varnothing;VSet:=\varnothing;DSet:=\{\sup(L(K))\}$；
02　WHILE $DSet\neq\varnothing$ DO
03　　移出 $DSet[\mathrm{Length}(DSet)-1]$ 到 C；
04　　FOR each $CC\in\mathrm{Child}(C)$ DO
05　　　IF(CC 没有被置 vs 标记)AND($|\mathrm{Extent}(CC)|>|g(\{m\})|$) THEN
06　　　　添加 CC 至 $DSet$ 尾和 $VSet$ 尾；给 CC 置 vs 标记；
07　　　ELSE
08　　　　IF($|\mathrm{Extent}(CC)|=|g(\{m\})|$) AND ($m\in\mathrm{Intent}(CC)$) THEN
09　　　　　$CSet:=\{CC\}$；给 CC 置 cs 标记；
10　　　　　BREAK；
11　　　　END IF
12　　　END IF
13　　END FOR
14　　IF $CSet\neq\varnothing$ THEN BREAK；END IF；
15　END WHILE
16　取消集合 $VSet$ 中节点的 vs 标记；
17　WHILE $CSet\neq\varnothing$ DO
18　　移出 $CSet[0]$ 到 C；$\mathrm{Intent}(C):=\mathrm{Intent}(C)-\{m\}$；
19　　$C_{\mathrm{db}}:=\varnothing$；
20　　IFC 没有被置 ms 标记 THEN
21　　　FOR each $CP\in\mathrm{Parent}(C)$ DO
22　　　　IF(CP 没有被置 cs 标记) AND ($\mathrm{Intent}(C)=\mathrm{Intent}(CP)$) THEN
23　　　　　$Cdb:=CP$；BREAK；
24　　　　END IF；
25　　　END FOR；
26　　END IF；
27　　FOR each $CC\in\mathrm{Child}(C)$ DO
28　　　IF CC 没有被置 cs 标记 THEN
29　　　　添加 CC 至 $CSet$ 尾；给 CC 置 cs 标记；
30　　　END IF；
31　　　IF $C_{\mathrm{db}}=\varnothing$ THEN 给 CC 置 ms 标记；END IF；
32　　END FOR；
33　　取消节点 C 的 ms 标记；
…
　　算法 7.1 的第 16~31 行
…
34　END WHILE；
END

算法 7.5 的第 01 行对 $DSet$、$VSet$ 和 $CSet$ 进行初始化，将 $\sup(L(K))$ 放入 $DSet$ 集合。第 02～15 行的循环用于寻找属性 m 的根节点。循环从 $\sup(L(K))$ 出发，寻找外延集的对象数和 $|g(\{m\})|$ 相等的节点，判断其内涵是否含有属性 m，如找到则退出循环。

第 17～34 行的 WHILE 循环是对所有的删除或更新节点进行处理，并调整节点间的边。循环不断将 $CSet$ 的节点的父节点加入 $CSet$ 中。由于 $CSet$ 中的初始节点是属性 m 的根节点，因此可知所有的删除或更新节点都将被加入 $CSet$ 中。在第 20 行中，如果 C 没有被置 ms 标记，因此可能是删除节点，则进一步在第 21～25 行判断，若为删除节点记录其删除基节点，否则为更新节点。由表 7-3 知，更新节点子节点必然为更新节点，故在第 31 行中将子父节点标记为 ms。

第 16 行和第 33 行恢复 $VSet$ 中节点的 vs 和 ms 标记，以便以后继续对其他属性删除时使用。

如果当前节点为删除节点，需要进一步调整节点间的父子关系并将其从格中删除。这个过程同算法 7.4 中 16～31 行相同。

算法 7.5 的最坏时间复杂度也主要是体现在处理删除节点时对边进行调整的双层嵌套循环上，因此和算法 7.4 相同。

在实际应用中，形式背景的属性可能会不断变化，需要连续删除属性。此时可以预先将格的节点按照外延集中对象数的多少预先存入算法 7.5 的 $DSet$ 之中，这样每次只需要根据对象集 $g(\{m\})$ 的元素个数，直接在 $DSet[\,|g(\{m\})|\,]$ 中寻找属性 m 的根节点即可。

在某些特殊的应用中，可能只有概念格 $L(K)$ 而不知道其对应的形式背景 K。因此当需要从概念格中删除属性 m 时，并不知道属性 m 在形式背景 K 上的对象集 $g(\{m\})$。此种情况下可以考虑采用广度优先按照节点的内涵数逐层遍历的方法来寻找属性 m 的根节点。

7.3.6　实验与分析

为了验证算法的有效性，与前文对象的渐减算法类似，我们使用 Delphi 7 编程实现了本章提出的算法 7.4（BUAD）和算法 7.5（TDAD）、Godin 算法[116]、AddIntent 算法[117]、FIA _ A[120] 算法以及 In-Close 算法[121]，在 CPU 主频为 2.30GHz、内存为 3GB、操作系统为 Windows XP 的计算机上进行了实验。同样地，为了使实验结果更具有统计意义，对于每个实验所用到的形式背景及其诱导的概念格，都随机产生 5 组数据。实验中获得的算法所耗费的时间是在这 5 组数据上的平均值。

在实验所用到的每组数据中，形式背景的对象个数固定为 100，对象属性间存在关系的概率为 0.30，属性个数从 10 开始，每次递增 10 个，直至 150 为止，共包含 15 个形式背景。首先分别使用 BUAD 和 TDAD 算法将所有概念格的第 1 个属性减去并记录算法时间。再将所有形式背景的第 1 个属性减去，然后分别采用 Godin 算法、AddIntent 算法、In-Close 算法和 FIA _ A 算法构造概念格并记录构造时间。实验结果如图 7-13、图 7-14 和图 7-15 所示。

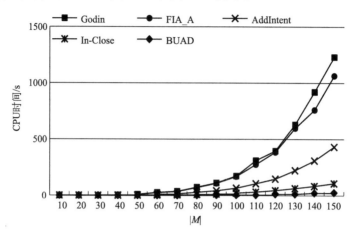

图 7-13 Godin、FIA_A 和 BUAD 算法的实验结果，ⅠGⅠ = 100

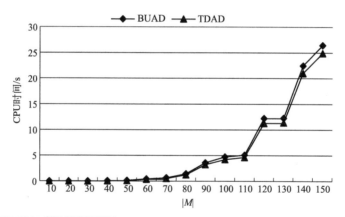

图 7-14 TDAD 和 BUAD 算法的实验结果，ⅠGⅠ = 100

在图 7-13 中可以看到，随着属性个数的增加，直接采用 BUAD 算法在原有概念格中进行属性删除，要比在形式背景中删除属性之后再用 Godin、AddIntent、In-Close 或 FIA _ A 算法节省大量的时间。

由于实验中 BUAD 和 TDAD 算法的所消耗的时间差距并不明显，因此将两者的实验数据放在图 7-14 中单独对比。在图 7-14 中随着属性个数的增加，两种算法进行属性删除所需的时间逐渐增大，且 TDAD 算法具有略微的时间优势。图 7-15 中显示出了两种算法在 5 组实验数据上所耗费时间的方差。可以看到随着属性个数的增加，两种算法所耗费时间的方差逐渐增大，且 TDAD 算法的方差略小。说明对同规格的概念格进行属性删除时，算法取得的时间性能随形式背景属性规模增大而具有更大的随机性。

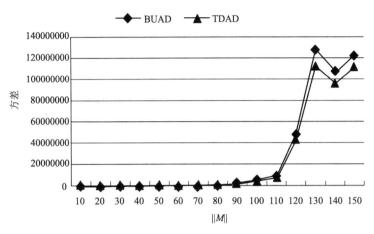

图 7-15 TDAD 和 BUAD 算法的 5 组数据的方差，I GI = 100

小结

本章揭示了概念格的对象和属性删除后概念集合和 Hasse 图的变化规律，在此基础上给出了自底向上和自顶向下两类算法，实现了对概念格的对象和属性的渐进式删除。本章的算法实现了较低的时间复杂度 $O(|L||G||M|)$。实验与分析表明，本章所提出的概念格渐减算法是有效的。在实际的应用领域中，如果因形式背景的对象或属性发生变化，需要删除某些对象或属性时，利用本章所提出的算法从原有概念格中将对象或属性直接删除掉，比重新从形式背景构造概念格所需的时间要少得多。

本章所提出的概念格属性渐减算法和已有的渐增式概念格构造算法，都是渐进式构造算法。两类算法都是在原有概念格基础上进行修改来得到新的概念格，是互逆的算法。因此在节点类型的划分上具有很强的对应关系。下面以最经典的 Godin 算法作为渐增式算法的代表，以本章提出的属性渐减式算法作为渐减式算法的代表，来分析两者的对应关系。

经过分析可知，本章中所定义节点类型与 Godin 算法中的节点类型的对应关系为：两者的保留节点（有文献也将 Godin 的保留节点译作不变节点）不需要经过任何改变就能留在新概念格中；更新节点均需要经过修改才能成为新概念格中的节点，其中，本章的更新节点的内涵需要删除待删除属性，Godin 算法中更新节点的外延需要加入待新增对象；而本章中的删除节点与 Godin 的新生节点处理起来正好相反，前者是从原概念格中删除，而后者是加入原概念格中；本章的删除基节点与 Godin 算法的产生子节点都是保留节点，其中，本章的删除基节点是删除节点的父节点，而 Godin 算法的产生子节点是新生节点的子节点。

显然，节点类型的引入对算法的运行将会产生重要的影响。两类算法都是通过对节点的类型划分，来减少搜索空间，加快访问速度。具体地，在算法的实现方面，由于 Godin 算法是根据原概念格中内涵的升序来归类格节点，可以避免对所有节点的比较，在一定程度上提高了访问速度；而本章算法则根据不同类型节点的前驱后继关系来避免对所有节点的比较，进一步缩减了搜索空间，因此具有更快的访问速度。

第8章

访问控制概念格的合并

随着信息技术的进步和单位组织的增长，一些小的分散的业务系统需要整合为一个大的业务系统，这就需要实现一个更大范围的访问控制机制。例如，许多公司若干年前的早期的信息系统往往是根据一些较为独立的业务分别实现的，比如财务部门、销售部门、售后部门往往有自己独立的信息系统。随着公司的成长（比如公司的兼并、部门的调整、业务的整合）以及信息技术的进步（比如 Web 技术的普及），公司会将一些独立的业务信息系统合并为一个大的业务信息系统。

通过角色映射的方式可以进行不同的业务系统中访问控制的整合，但是当不同业务系统间的访问控制差异较大时，无法很好地对应角色。利用角色挖掘方法，将不同业务系统的访问控制矩阵关联，然后挖掘角色是一个好的办法。但是这样会带来较大的时间性能开销。直接用概念格的合并方法来对访问控制中的角色进行合并则能够避免这样的性能开销。

概念格的合并是概念格构造的一个分支，最初的研究是为了分布式地构造和存储概念格，其思想就是通过形式背景的拆分，形成分布存储的多个子背景，然后构造相应的子概念格，再由子概念格的合并得到所需的概念格。根据形式背景的拆分方式不同，概念格合并可以分为纵向和横向两类。纵向合并是指待合并的概念格的属性域相同，对象域不同。和纵向合并相反，横向合并是指待合并概念格的对象域相同，而属性域不同。

在本章中，利用概念格的合并可以很好地进行访问控制系统的角色合并。但是原有的概念格合并算法时间性能有限，本章主要研究时间性能更加高效的概念格合并算法。

8.1 相关工作

由于概念格自身的完备性，构造概念格的时间复杂度一直是影响形式概念分析应用的主要因素。随着处理的形式背景的增大，概念格的时空复杂度也会随着急剧增大。研究采用新的方法和手段来构造概念格，是形式概念分析应用于大型复杂数据系统的前提。

概念格的分布式构造最初的目标是希望借助于并行和分布式计算资源来加快概念格的构造速度，后来被逐步用于分布式的数据分析和存储。主要有两大类方法。一类是基于串行批处理算法的并行化而来，代表性算法的是 Fu Huaiguo 和 Nguifo 等人[133] 提出的 ParallelNextClosure 算法，Njiwoua 等人[134] 提出的基于 Bordat 算法的分布式构造算法。此类算法需要形式背景完全确定后，将形式背景按等价规则划分在并行环境中迭代计算，最终构造生成所有概念集合。当形式背景变化后，不能动态地更新，也不能构造 Hasse 图。

另一类是基于概念格合并而来，该类算法的主要思想是将形式背景拆分成多个子背景，形成分布存储的多个子背景，继而分别构造相应的子概念格，再将子概念格合并为完整概念格[135]。形式背景的拆分可以分为纵向和横向两类，纵向拆分是指将形式背景按对象不同划分为若干子形式背景，横向拆分是按属性不同划分为若干子形式背景。相应的概念格合并也分为纵向和横向合并。纵向合并是指待合并概念格的属性域相同，对象域不同。和纵向合并相反，横向合并是指待合并概念格的对象域相同，而属性域不同。有代表性的模型是 Valtchev 等人[136,137] 建立的子概念格到全概念格的映射模型和算法，李云和刘宗田等人[127,128] 提出的基于渐进式的概念格分布式构造模型和算法。此类模型和算法基于渐进式的方式，能够随形式背景变化动态地加入新的子概念格。

Valtchev 等人在文献 [136，137] 中的叠置格对应子格的纵向合并，并置格对应子格的横向合并。子格的构造采用的是递归的 Godin 算法[127]，然后引入了子格和完整格之间的两个映射函数来通过部分格概念计算全局格概念。

李云和刘宗田等人在文献 [138，139] 中分别从形式背景的纵向、横向合并出发，定义了内涵独立和内涵一致的形式背景和概念格，以及概念格横向和纵向并运算，并提出了多概念格的横向合并算法来构造概念格。合并概念格的过程是先构建每个子概念格，然后按内涵升序将一个子格的概念，逐个插入到另一个概念的方式进行概念格的合并。在子格概念的插入过程中，使用改进的渐进式概念格生成算法，避免了对前面概念插入后的更新和新生概念的重复比较，提高了算法效率。

张磊和沈夏炯等人[140,141] 在上述概念格合并算法的基础上，在格的合并算法中引入了概念格的线性索引结构，通过寻找同域概念格之间的同义概念或同类概念、根据父概念-子概念的关系实现对其所有父概念的快速更新。算法利用同义概念或同类概念仅会产生更新概念这一特性，压缩了插入格概念的比较次数，进一步提高了算法效率。

8.2 基本概念

本节主要介绍形式概念分析中的概念格合并的相关概念和定理$^{[59,128]}$。

定义 8.1 给定形式背景 $K_1=(G_1,M_1,I_1)$ 和 $K_2=(G_2,M_2,I_2)$，对于任意 $g\in G_1\bigcap G_2$ 和任意 $m\in M_1\bigcap M_2$ 满足 $gI_1m\Leftrightarrow gI_2m$，则称 K_1 和 K_2 是一致的。

定义 8.2 给定形式背景 $K=(G,M,I)$，$K_1=(G_1,M_1,I_1)$ 和 $K_2=(G_2,M_2,I_2)$，且 K_1 和 K_2 是一致的。如果满足 $G_1\subseteq G$，$G_2\subseteq G$，$M_1=M_2\subseteq M$，则称 K_1 和 K_2 是同对象域形式背景，同时称形式背景 K_1 的概念格 $L(K_1)$ 和形式背景 K_2 的概念格 $L(K_2)$ 是同对象域概念格；如果满足 $M_1\subseteq M$，$M_2\subseteq M$，且 $G_1=G_2\subseteq G$，则称 K_1 和 K_2 是同属性域形式背景，同时称形式背景 K_1 的概念格 $L(K_1)$ 和形式背景 K_2 的概念格 $L(K_2)$ 是同属性域概念格。K_1 和 K_2 无论是同对象域形式背景还是同属性域形式背景，它们都是 K 的子形式背景，且 $L(K_1)$ 和 $L(K_2)$ 都是 $L(K)$ 的子概念格。

定义 8.3 给定形式背景 $K_1=(G_1,M_1,I_1)$ 和 $K_2=(G_2,M_2,I_2)$ 是一致的。定义 K_1 和 K_2 的加运算为 $K_1\oplus K_2=(G_1\bigcup G_2,M_1\bigcup M_2,I_1\bigcup I_2)$。若 $M_1=M_2=M$，则称 $K_1\pm K_2=(G_1\bigcup G_2,M,I_1\bigcup I_2)$ 为 K_1 和 K_2 的纵向加运算或纵向合并。若 $G_1=G_2=G$，则称 $K_1\mp K_2=(G,M_1\bigcup M_2,I_1\bigcup I_2)$ 为 K_1 和 K_2 的横向加运算或横向合并。

定义 8.4 对于形式背景 $K=(G,M,I)$ 上的形式概念 $C_1=(O_1,D_1)$ 和 $C_2=(O_2,D_2)$，定义概念间的纵向加运算为 $C_1\pm C_2=(O_1\bigcup O_2,D_1\bigcap D_2)$，概念间的横向加运算为 $C_1\mp C_2=(O_1\bigcap O_2,D_1\bigcup D_2)$。

定义 8.5 设形式背景 K 上的两个子形式背景 K_1 和 K_2 的概念格分别为 $L(K_1)$ 和 $L(K_2)$。如果 K_1 和 K_2 是同对象域的，定义概念格的纵向加运算为 $L(K_1)\pm L(K_2)=\{(O_3,D_3)|(O_3,D_3)=C_1\pm C_2$ 且 $f(O_3)=D_3$，$g(D_3)=O_3$。$C_1\in L(K_1)$，$C_2\in L(K_2)\}$。如果 K_1 和 K_2 是同属性域的，定义概念格的横向加运算为 $L(K_1)\mp L(K_2)=\{(O_3,D_3)|(O_3,D_3)=C_1\mp C_2$ 且 $f(O_3)=D_3$，$g(D_3)=O_3$。$C_1\in L(K_1)$，$C_2\in L(K_2)\}$。

关于概念格的纵向和横向合并有如下定理：

定理 8.1 如果 $L(K_1)$ 和 $L(K_2)$ 是同对象域的概念格，则 $L(K_1)\pm L(K_2)=L(K_1\pm K_2)$。且满足对于 $L(K_1)$ 中的任意概念 C_1 和 $L(K_2)$ 中的任意概念 C_2，令 $C_3=C_1\pm C_2$，如果在 $L(K_1)$ 中的所有大于 C_1 的概念中不存在等于或小于 C_3 的概念，并且在 $L(K_1)$ 中所有大于 C_2 的概念中不存在等于或小于 C_3 的概念，则 $C_3\in L(K_1\pm K_2)$。

定理 8.2 如果 $L(K_1)$ 和 $L(K_2)$ 是同属性域的概念格，则 $L(K_1)\mp L(K_2)$

$=L(K_1 \mp K_2)$。且满足对于 $L(K_1)$ 中的任意概念 C_1 和 $L(K_2)$ 中的任意概念 C_2，令 $C_3 = C_1 \mp C_2$，如果在 $L(K_1)$ 中的所有小于 C_1 的概念中不存在等于或大于 C_3 的概念，并且在 $L(K_1)$ 中所有小于 C_2 的概念中不存在等于或大于 C_3 的概念，则 $C_3 \in L(K_1 \mp K_2)$。

定理 8.1 和定理 8.2 为多概念格的纵向或横向合并提供了依据：因为对于合并后的概念格中的概念可以由概念 $C_1 \in L(K_1)$，$C_2 \in L(K_2)$ 做 $C_1 \pm C_2$ 或 $C_1 \mp C_2$ 运算来构造，因此，可以将一个子格中的概念，采用相应的概念格渐进式生成算法逐个加入另一个子概念格中，得到合并后的概念格。

为了区分概念格 $L(K_2)$ 中的概念插入概念格 $L(K_1)$ 中的过程中不同概念发生的变化，我们作下列定义加以区分。

对于概念格的纵向合并：

定义 8.6 对于一个概念 $C = (O,D)$，如果在概念格 $L(K)$ 中存在一个概念 $C_1 = (O_1,D_1)$，并满足 $D_1 \subseteq D$，则称概念 C_1 为对于概念 C 的更新概念。它将被更新为 $(O_1 \cup O, D_1)$。

定义 8.7 对于某个概念 $C = (O,D)$，如果在概念格 $L(K)$ 中存在一个概念 $C_1 = (O_1,D_1)$，并满足：①在格中不存在任意概念 $C_2 = (O_2,D_2)$，使 $D_2 = D \cap D_1$；②对于 C_1 概念的任意父概念 $C_3 = (O_3,D_3)$，都没有 $D \cap D_3 = D \cap D_1$；则称 C_1 为和概念 C 形成新增概念的产生子概念，且 C_2 为新生概念。

对于概念格的横向合并：

定义 8.8 对于 $L(K_2)$ 中的一个待插入概念 $C = (O,D)$，如果在概念格 $L(K_1)$ 中存在一个概念 $C_1 = (O_1,D_1)$，并满足 $O_1 \subseteq O$，则称概念 C_1 为概念 C 的更新概念。它将被更新为 $(O_1, D_1 \cup D)$。

定义 8.9 对于 $L(K_2)$ 中的一个待插入概念 $C = (O,D)$，如果在概念格 $L(K_1)$ 中存在一个概念 $C_1 = (O_1,D_1)$，并满足：①在概念格 $L(K_2)$ 中不存在任意概念 $C_2 = (O_2,D_2)$，使 $O_2 = O \cap O_1$；②对于 C_1 概念的任意子概念 $C_3 = (O_3,D_3)$，都没有 $O \cap O_3 = O \cap O_1$；则称 C_1 为与概念 C 形成新增概念的产生子概念，且 C_2 为新生概念。

在上述定义和定理的基础上，根据概念格合并的两种情况——纵向合并和横向合并，下面分别描述两种情况下的概念格合并算法及相应的实验。

8.3 自底向上的纵向合并算法

由定理 8.1 可知，同对象域概念格的纵向合并，可以采用渐进式算法将一个子概念格中的概念逐个加入另一个子概念格中来得到。故文献［127，129］中的概念格纵向合并算法均采用此种方式来合并概念格。本节的纵向合并算法也是如此。

8.3.1 算法的理论依据

为了进一步提高格的合并效率，本节研究两个子概念格中概念间的父子关系对合并后概念格的概念变化的影响。下面给出相应的定理及证明：

定理 8.3　对于概念 $C_1=(O_1,D_1)$，$C_2=(O_2,D_2)\in L(K_2)$，且有 $C_1\leqslant C_2$，如果 $C=(O,D)\in L(K_1)$ 是 C_2 在 $L(K_1)$ 中的产生子概念或者更新概念，则 C 必然也是 C_1 在 $L(K_1)$ 中的新生概念或者更新概念。

证明：① 若 C 是 C_2 在 $L(K_1)$ 中的更新概念，由定义 8.6 知，有 $D\subseteq D_2$。又因为 $C_1\leqslant C_2$，故有 $D_2\subseteq D_1$。因此有 $D\subseteq D_2\subseteq D_1$。由定义 8.6 和定义 8.7 知，由于 $D\subseteq D_1$，C 必然也是 C_1 在 $L(K_1)$ 中的新生概念或者更新概念。

② 若 C 是 C_2 在 $L(K_1)$ 中的产生子概念，设新增概念为 $C_n=(O_n,D_n)$。由定义 8.7 知 $D_n=D_2\bigcap D$，且 $L(K_1)$ 中不存在 $C_3=(O_3,D_3)$，满足 $D_2\bigcap D_3=D_2\bigcap D$。下面用反证法来证明 $D\subseteq D_1$。设 $D\not\subset D_1$，且 $D\bigcap D_1=D_d$。由于 $C_1\leqslant C_2$，故有 $D_2\subseteq D_1$，所以 $D_d\bigcap D_2=D\bigcap D_1\bigcap D_2=D\bigcap D_2$。因此存在概念 $C_d=(O_d,D_d)$，满足 $D_2\bigcap D_d=D_2\bigcap D$，与 C 是 C_2 在 $L(K_1)$ 中的产生子概念矛盾，故 $D\subseteq D_1$，由定义 8.6 和定义 8.7 知，C 必然也是 C_1 在 $L(K_1)$ 中的新生概念或者更新概念。证毕。

由定理 8.3 可知，父概念 C_2 的所有产生子概念和更新概念，必然是子概念 C_1 的新生概念和更新概念的子集。因此可以将子概念 C_1 先于父概念 C_2 插入，父概念只需要在子概念的新生概念和更新概念集合中继续比较即可。进一步地，由于概念格是完全格，子概念的新生概念和更新概念集合存在一个最大下界，因此父概念插入时，只需要从子概念的新生概念和更新概念集合的最大下界开始，遍历上层所有概念进行比较即可。

AddIntent[117] 算法在将形式背景中的对象及属性渐进式的加入概念格中，算法插入每个对象的返回值正好是概念所有新生概念和更新概念集合的最大下界。因此只要把 $L(K_2)$ 中的概念一一插入到 $L(K_1)$ 中就可得到 $L(K_1)\pm L(K_2)$。本章即采用 AddIntent 算法逐个插入 $L(K_2)$ 中的概念到 $L(K_1)$ 中，和 AddIntent 算法直接从形式背景构造概念格所不同的，前者是渐增概念格中的概念而后者是渐增形式背景中的对象。

定理 8.4　对于概念 $C_1=(O_1,D_1)$，$C_2=(O_2,D_2)\in L(K_2)$，且有 $C_2\leqslant C_1$，如果 $C=(O,D)\in L(K_1)$ 是 C_1 和 C_2 在 $L(K_1)$ 中的共同的更新概念，则 $O_2\subseteq O_1\subseteq O$。

证明：由于 C 是 C_1 在 $L(K_1)$ 中的更新概念，则有 $D\subseteq D_1$。由于 C 是 C_2 在 $L(K_1)$ 中的更新概念，则有 $D\subseteq D_2$。又由于 $C_2\leqslant C_1$，则有 $D_1\subseteq D_2$。所以有 $D\subseteq D_1\subseteq D_2$，即 $C_2\leqslant C_1\leqslant C_2$，由定义 2.9 知，$O_2\subseteq O_1\subseteq O$。证毕。

由定理 8.4 可知，对于父概念 C_1 和子概念 C_2 的共同更新概念 C，当插入 C_1 时进行更新后得到的概念 C 的外延，要包含插入 C_2 时更新的外延。因此先用 C_1 对概念 C 进行更新，则当插入 C_2 时，如果概念 C 已被 C_1 插入时更新过，不需要再用 C_2 进行更新。

定理 8.5　对于概念 C_1，$C_2 \in L(K_2)$，$C_3 \in L(K_2)$，且 $C_2 \not\leqslant C_1$，$C_1 \not\leqslant C_2$，$C_3 = C_2 \vee C_1$。如果 $C_1' \in L(K_1)$ 是 C_1 在 $L(K_1)$ 中的更新概念，$C_2' \in L(K_1)$ 是 C_2 在 $L(K_1)$ 中的更新概念，$C_3' \in L(K_1)$ 是 C_3 在 $L(K_1)$ 中的更新概念，且 C_1' 和 C_2' 均不是 C_3 在 $L(K_1)$ 中的更新概念，则 $C_2' \not\leqslant C_1'$，$C_1' \not\leqslant C_2'$。

证明：设 $C_1 = (O_1, D_1)$，$C_2 = (O_2, D_2)$，$C_3 = (O_3, D_3)$，$C_1' = (O_1', D_1')$，$C_2' = (O_2', D_2')$，$C_3' = (O_3', D_3')$。由于 C_1' 是 C_1 在 $L(K_1)$ 中的更新概念，则有 $D_1' \subseteq D_1$。由于 C_2' 是 C_2 在 $L(K_1)$ 中的更新概念，则有 $D_2' \subseteq D_2$。由于 C_3' 是 C_3 在 $L(K_1)$ 中的更新概念，则有 $D_3' \subseteq D_3$。由于 $C_2 \not\leqslant C_1$，$C_1 \not\leqslant C_2$，$C_3 = C_2 \vee C_1$，则有 $D_3 \subseteq D_2$，$D_3 \subseteq D_1$，$D_3 = D_1 \cap D_2$。所以有，$D_3' \subseteq D_2$，$D_3' \subseteq D_1$，又因为 C_1' 和 C_2' 均不是 C_3 在 $L(K_1)$ 中的更新概念，因此有，$D_3' \subseteq D_1' \subseteq D_1$，$D_3' \subseteq D_2' \subseteq D_2$，$D_3' \subseteq D_3 = D_1' \cap D_2'$，根据定义 2.9，所以有 $C_2' \not\leqslant C_1'$，$C_1' \not\leqslant C_2'$。证毕。

由定理 8.5 可知，对于不存在 $\leqslant$ 关系的概念 C_1 和 C_2，如果它们的更新概念被它们共同的最小上界概念 C_3 更新过，则无论 C_1 先插入更新，还是 C_2 先更新，都不影响它们插入过程中其余更新概念的更新。

8.3.2　算法描述

由定理 8.3、定理 8.4 和定理 8.5 作为理论根据，来设计概念格的纵向合并算法。其主要思想是，对于两个待合并子概念格 L_1 和 L_2，从子概念格 L_2 的最大下界概念 $L_2.Inf$ 开始，逐个访问每个概念的父概念，将其用 AddIntent 算法加入子概念格 L_1 中。这样能够保证 L_2 中的概念按照从底向上的顺序，子概念优先父概念插入。由定理 8.3 知，只需要把 AddIntent 算法返回的子概念的新生概念和更新概念的最大下界作为父概念的起始查找概念，即可避免父概念插入 L_1 中的重复判断。当所有 L_2 中的概念插入 L_1 中后，再对每个概念从上到下进行外延的更新。同时，由定理 8.4 和定理 8.5 知，只要按照内涵的升序从上到下进行更新，对于 L_1 中已经更新过的概念，则不必更新。

自底向上的概念格纵向合并算法描述如算法 8.1 所示。

▷ **算法 8.1　自底向上的概念格纵向合并算法**

Function BottomUpVerticalUnionLattice(L_1, L_2)

输入：两个待合并的概念格 L_1；L_2

输出：合并后的概念格 L_1

BEGIN

01   L_1. Inf. Intent$:=L_1$. Inf. Intent$\bigcup L_2$. Inf. Intent

02    $GeneratorSet:=\varnothing$

03    $CandidateSet:=\varnothing$

04   IF $|L_2$. Inf. Extent$|\neq 0$ THEN

05   Add L_2. Inf to $CandidateSet$

06   Add L_1. Inf to $GeneratorSet$

07   ELSE

08   Parents$:=$Parent(L_2. Inf)

09   FOR each Parent in Parents DO

10   Add Parent to $CandidateSet$

11   END FOR

12   Add L_1. Inf to $GeneratorSet$

13   END IF

14    $ModifySet[i]:=\varnothing$

15   WHILE $CandidateSet\neq\varnothing$ DO

16      $Concept:=CandidateSet[0]$

17   Remove $Concept$ from $CandidateSet$

18      $Generator:=GeneratorSet[0]$

19   Remove $Generator$ from $GeneratorSet$

20      $Generator:=$AddIntent($Concept$. Intent$,Generator,L_1$)

21      $Generator$. Extent$:=Generator$. Extent$\bigcup Concept$. Extent

22   Add $Generator$ to $ModifySet[|Generator.$ Intent$|]$

23      $Parents:=$Parents($Concept$)

24   FOR each $Parent$ in $Parents$ DO

25   IF Not $Parent$. Tag THEN

26   Add $Parent$ to $CandidateSet$

27   Add $Generator$ to $GeneratorSet$

28          $Parent$. Tag$:=$True;

29   END IF

30   END FOR

31   END WHILE

32   FOR $i:0$ to Length($ModifySet$)-1 DO

33   FOR each $Generator$ in $ModifySet[i]$ DO

34   UpdateParentExtentOfConcept($Generator,Generator$. Extent$,L$)

35   END FOR

36   END FOR

37   Reset Tag of all Concepts of L_1

38   RETURN L_1

END

算法中使用到的函数 $Generator$：$=$ AddIntent($Intent$，$Generator$，L)，是将属性集 $Intent$ 加入 L 中，对大于 $Generator$ 的所有概念，建立新生概念及其在 L 中建立父子关系，但是并不更新新生概念和更新概念的外延，然后将所有更新概念和新生概念集合的最大下界作为 $Generator$ 返回。过程 UpdateParentExtentOfConcept（$Generator$，$Extent$，L）是对格 L 大于 $Generator$ 的所有概念的外延加入 $Extent$。函数 AddIntent 的算法描述见于文献［117］中，这里不再描述。而过程 UpdateParentExtentOfConcept 将在后文进一步描述。

函数 BottomUpVerticalUnionLattice（L_1，L_2）中的两个参数 L_1 和 L_2 是两个待合并的子概念格，返回值是合并后的概念格，也即已经将 L_2 中的格概念加入 L_1 后的新的概念格 L_1。为了避免重复判断，概念中新增一个标识域 Tag，用来标识概念是否被访问过。算法中使用 $CandidateSet$ 来保存来自 L_2 中的每个待比较概念，使用 $GeneratorSet$ 来保存 $CandidateSet$ 中每个概念对应的查找产生子概念的候选概念，使用 $ModifySet$ 来保存将来更新外延时的起点。

函数的第 01 行对子概念格 L_1 和 L_2 的最大下界进行特殊处理。将 L_2 的最大下界内涵加入 L_1 的最大下界内涵中。算法第 02～14 行对 $GeneratorSet$、$CandidateSet$ 和 $ModifySet$ 进行初始化。如果 L_2 的最大下界外延为空，则将其所有父概念加入 $CandidateSet$ 集合中作为候选概念，这是由于 AddIntent 算法默认待插入概念的外延集不为空，所以需要特殊处理。

算法的第 18～31 行用于将 L_2 中的概念采用 AddIntent 算法加入 L_1 中。其中，第 18～19 行是分别从 $CandidateSet$ 和 $GeneratorSet$ 中取出概念 $Concept$ 和 $Generator$ 作为 AddIntent 算法的插入概念和起始查找概念。第 20 行是利用 AddIntent 算法在格 L_1 中建立新生或更新概念，并将所有新生概念和更新概念的最大下界返回到 $Generator$，第 21～22 行是更新 $Generator$ 的外延，并将其加入 $ModifySet$ 中以便将来进行更新。第 23～30 行是将 $Concept$ 概念的所有父概念加入 $CandidateSet$ 集合中，而 $Generator$ 作为这些父概念的 AddIntent 算法的查找起点放入 $GeneratorSet$ 中。其中使用 Tag 标记来防止概念重复被访问。

算法的第 32～36 行是使用过程 UpdateParentExtentOfConcept 更新每个最大下界 $Generator$ 的所有上层概念。双重循环保证了所有 $Generator$ 按内涵的升序排列，这样对于上层概念已经更新过的概念，就不必再重新更新。算法的第 37 行将所有 L_1 中的 Tag 标记重置，以便将来继续插入其他子概念格。

过程 UpdateParentExtentOfConcept 的算法描述算法 8.2 所示。

过程 UpdateParentExtentOfConcept 的第 01 行将概念的 Tag 标识置为 True，表示本概念已被访问，以后不需要再更新本概念。第 02 行将外延 Extent 加入当前概念 $Concept$ 的外延中。第 03～08 行递归更新当前概念的所有上层概念。其中，第 05 行避免了已被更新过的概念再次被更新。

Procedure UpdateParentExtentOfConcept($Concept$, Extent, L)

输入：起始概念 $Concept$；外延 Extent；概念格 L

输出：更新过外延之后的概念格 L

BEGIN

01　$Concept$.Tag：=True

02　$Concept$.Extent：=$Concept$.Extent $\bigcup$ Extent

03　$Parents$：=Parent($Concept$)

04　FOR each $Candidate$ in $Parents$ DO

05　　IF Not $Candidate$.Tag THEN

06　　　UpdateParentExtentOfConcept($Candidate$, Extent, L)

07　　END IF

08　END FOR

END

8.3.3　算法示例

本节通过一个示例来阐述本算法的运行过程。如表 8-1 所示的一个形式背景，将其纵向分成两个子背景 $K_1 = (G_1, M, I_1)$ 和 $K_2 = (G_2, M, I_2)$，其中 $G_1 = \{1, 2, 3, 4\}$ 和 $G_2 = \{5, 6, 7, 8\}$。其对应的概念格为 $L(K_1)$ 和 $L(K_2)$，分别如图 8-1 和图 8-2 所示。

□ **表 8-1　形式背景示例**

对象	属性					
	a	b	c	d	e	f
1	0	1	0	0	0	0
2	1	1	0	1	0	1
3	1	1	0	0	0	1
4	1	0	0	1	0	1
5	1	0	1	0	0	0
6	1	1	1	1	0	1
7	1	1	0	0	1	1
8	1	1	0	1	0	0

使用本节提出的算法，将 $L(K_2)$ 中的概念逐个加入 $L(K_1)$ 中去。其中，产生新生格概念并建立父子关系的过程，如表 8-2 所示。1.1～1.2 步完成变量的

初始化工作。更新了 $L(K_1)$ 的最大下界的内涵，并将 $L(K_2)$ 的底层的两个概念加入到 $CandidateSet$ 集合中。2.1～2.3 步将 $CandidateSet$ 保存的 $L(K_2)$ 中的 16# 概念插入到 $L(K_1)$ 中。其中，2.1 步对应 BottomUpVerticalUnionLattice 函数的 18～21 行，将 16# 概念和对应的起始搜索概念 10# 概念从 $CandidateSet$ 和 $GeneratorSet$ 中取出；2.2 步对应 BottomUpVerticalUnionLattice 函数的第 22 行，使用 AddIntent 算法将 16# 概念插入到 $L(K_1)$ 中，新生成 19# 概念，并完成概念间父子关系的调整；2.3 步对应 BottomUpVerticalUnionLattice 函数的第 22 行，第 23～32 行，将 19# 概念的外延更新为 $\{6\}$，并将 16# 概念的父概念 12#、14#、15# 概念及其对应的起始搜索概念 19# 概念分别放入 $CandidateSet$ 和 $GeneratorSet$，将 19# 概念放入 $ModifySet$ 的下标为 5 的集合中，以便最后集中从上到下进行更新所有父概念的外延。3.1～3.3、4.1～4.3、5.1～5.2、6.1～6.2、7.1～7.2、8.1～8.2 等步骤重复地将其他 $CandidateSet$ 集合中的 $L(K_2)$ 插入到 $L(K_1)$ 中。

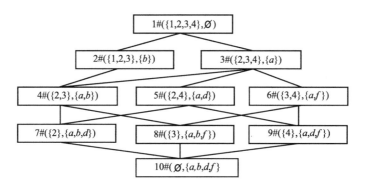

图 8-1 子背景 K_1 诱导的概念格 L（K_1）

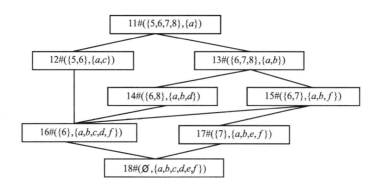

图 8-2 子背景 K_2 诱导的概念格 L（K_2）

步骤	概念	Generator, {Extent}	CandidateSet	GeneratorSet	ModifySet
1.1	初始化赋值 10#　　Intent$=\{a,b,c,d,e,f\}$				
1.2	nil	nil	16#,17#	10#,10#	∅
2.1	16#	10#	17#	10#	∅
2.2	新增概念 19#($\varnothing$,{a,b,c,d,f});新增边 19#→10#,7#→19#,8#→19#,9#→19#;删除边 7#→10#,8#→10#,9#→10#				
2.3	16#	19#,{6}	17#,12#,14#,15#	10#,19#,19#,19#	{5|19#}
3.1	17#	10#	12#,14#,15#	19#,19#,19#	{5|19#}
3.2	新增概念 20#($\varnothing$,{a,b,e,f});　新增边 8#→20#;　删除边 20#→10#				
3.3	17#	20#,{7}	12#,14#,15#	19#,19#,19#	{4|20#}{5|19#}
4.1	12#	19#	14#,15#	19#,19#	{4|20#}{5|19#}
4.2	新增概念 21#({6},{a,c});新增边 3#→21#,21#→19#				
4.3	12#	21#,{5,6}	14#,15#,11#	19#,19#,21#	{2|21#}{4|20#}{5|19#}
5.1	14#	19#	15#,11#	19#,21#	{2|21#}{4|20#}{5|19#}
5.2	14#	7#,{2,6,8}	15#,11#,13#	19#,21#,7#	{2|21#}{3|7#}{4|20#}{5|19#}
6.1	15#	19#	11#,13#	21#,7#	{2|21#}{3|7#}{4|20#}{5|19#}
6.2	15#	8#,{3,6,7}	11#,13#	21#,7#	{2|21#}{3|7#,8#}{4|20#}{5|19#}
7.1	11#	21#	13#	7#	{2|21#}{3|7#,8#}{4|20#}{5|19#}
7.2	11#	3#,{2,3,4,5,6,7,8}	13#	7#	{1|3#}{2|21#}{3|7#,8#}{4|20#}{5|19#}
8.1	13#	7#	∅	∅	{1|3#}{2|21#}{3|7#,8#}{4|20#}{5|19#}
8.2	13#	4#,{2,3,6,7,8}	∅	∅	{1|3#}{2|21#,4#}{3|7#,8#}{4|20#}{5|19#}

　　表 8-2 所示的步骤完成后，BottomUpVerticalUnionLattice 函数的第 34～37 行调用 UpdateParentExtentOfConcept 函数使用 *ModifySet* 中保存的待更新概念将其对应的所有父概念的外延进行更新。得到的合并后的概念格如图 8-3 所示。在图 8-3 中，新增概念以加粗框来表示，更新的概念的外延和内涵以粗体显示。

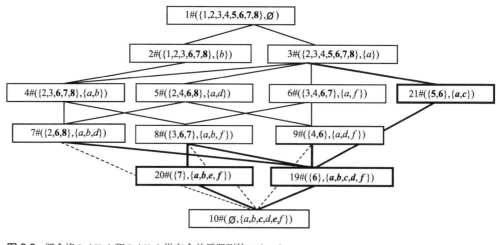

图 8-3 概念格 L（K_1）和 L（K_2）纵向合并后得到的 L（K_1）

8.3.4 实验

为了验证算法的有效性，我们使用 Delphi7 编程实现了本章 BottomUpVerti-calUnionLattice（简记为 BUVUL 算法），文献［127］中的算法（简记为 UAMCL 算法）以及文献［129］中的算法（简记为 VUSC 算法）。在 CPU 主频为 2.30GHz、内存为 3GB、操作系统为 Windows XP 的计算机上进行了两个实验。

实验一，随机生成形式背景的属性个数固定为 30，对象属性间存在关系的概率为 30%，对象个数从 10 开始，每次递增 10 个，直至 150 为止，共包含 15 个形式背景。实验结果如图 8-4 所示，随着对象个数地增大，本节的 BUVUL 算法缓慢地增大，而 UAMCL 和 VUSC 算法所耗费的时间则越来越多。

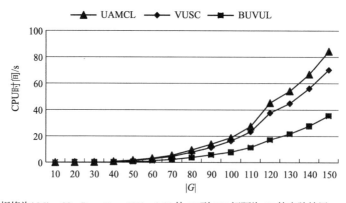

图 8-4 数据集规格为 I M I = 30，Density= 30%，I G I 从 10 到 150 间隔为 10 的实验结果

实验二，在实验所用到的数据为，随机生成形式背景的对象个数固定为 100，

对象属性间存在关系的概率为 30%，属性个数从 10 开始，每次递增 2 个，直至 50 为止，共包含 21 个形式背景。实验结果如图 8-5 所示，随着属性个数的增大，本节的 BUVUL 算法以几乎是线性的方式缓慢增长，而 UAMCL 和 VUSC 算法所耗费的时间则以几乎是指数级的速度迅速增大。

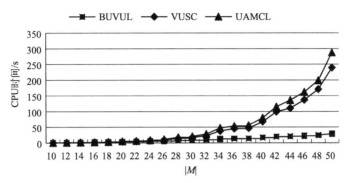

图 8-5　数据集规格为 I GI = 100，相关率＝ 30%，I MI 从 10～50 间隔为 2 的实验结果

实验三，用作实验数据的随机生成的形式背景规格为，形式背景的对象个数固定为 100，属性数固定为 30，对象属性间存在关系的概率从 10%～38%，每次递增 2%，共包含 15 个形式背景。实验结果如图 8-6 所示，随着对象属性间存在关系概率的增大，本节的 BUVUL 算法以几乎是线性的方式缓慢增长，而 UAMCL 和 VUSC 算法所耗费的时间则以几乎是指数级的速度迅速增大。

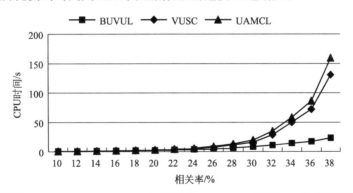

图 8-6　数据集规格为 I GI = 100，I MI = 30%，关系概率从 10% ～38% 间隔为 2% 的实验结果

由以上的三个实验可以看到，本章提出的 BUVUL 算法对于概念格纵向合并，有着非常明显的性能优势。

UAMCL 和 VUSC 算法都是将待插入格的概念按内涵升序作为待插入概念逐个插入另一个格中，插入过程中是从格的最小上界概念逐个和待插入概念比较，是一种自顶向下、广度优先的插入算法。本章提出的 BUVUL 算法，也是将一个概念格中的待插入概念逐个插入到另一个格中，但是待插入概念是从待插入概念格的最大下界出发，插入顺序是从被插入格的最大下界逐个与待插入概念比较，是一种自底向上、广度优先的插入算法。由于充分利用了父-子概念产生概念和新生概念的关系，概念的比较范围大幅缩小，可以进一步提高算法效率。

8.4 自顶向下的横向合并算法

本节对横向合并的定理和算法进行介绍。基于定理 8.2，与纵向合并相同，本节也是采用渐进式算法将一个子概念格中的概念逐个加入到另一个子概念格中来得到合并后的概念格。不同的是，本节是自顶向下来的方式插入概念。

概念格的横向合并是纵向合并的对偶过程，根据概念格的对偶性原理，很容易将纵向合并的相关定理和算法对偶为横向合并。因此基于篇幅的关系，本节将对定理和算法过程进行简单地描述，并不再对算法进行举例。

8.4.1 算法的理论依据

由于概念格的对偶性原理，横向合并的定理证明过程与纵向合并类似，基于篇幅的关系，本小节只描述相关定理而不再赘述其证明过程。

定理 8.6 对于概念 C_1，$C_2 \in L(K_2)$，且有 $C_1 \leqslant C_2$，如果 $C \in L(K_1)$ 是 C_1 在 $L(K_1)$ 中的产生子概念或者更新概念，则 C 必然也是 C_2 在 $L(K_1)$ 中的新生概念或者更新概念。

（由概念格的对偶原理可证，过程略）

由定理 8.6 可知，$L(K_2)$ 中子概念 C_1 在 $L(K_1)$ 中的所有产生子概念和更新概念，必然是父概念 C_2 在 $L(K_1)$ 中的新生概念和更新概念的子集。因此可以将父概念 C_2 先于子概念 C_1 插入 $L(K_1)$，子概念只需要在父概念的新生概念和更新概念集合中继续比较即可，这将极大地减少概念的查找和比较范围。与纵向合并类似，由于概念格是完全格，父概念的新生概念和更新概念集合存在一个最小上界，因此子概念插入时，只需要从父概念的新生概念和更新概念集合的最小上界开始，遍历下层所有概念进行比较即可。

定理 8.7 对于概念 C_1，$C_2 \in L(K_2)$，且有 $C_1 \leqslant C_2$，如果 $C \in L(K_1)$ 是 C_1 和 C_2 在 $L(K_1)$ 中的共同的更新概念，则 $D \subseteq D_1 \subseteq D_2$。

（由概念格的对偶原理可证，过程略）

由定理 8.7 可知，对于父概念 C_2 和子概念 C_1 的共同更新概念 C，当插入 C_1 时进行更新后得到的概念 C 的外延，要包含插入 C_2 时更新的外延。因此先用 C_1 对概念 C 进行更新，则使用 C_2 进行更新时如果概念 C 已被 C_1 更新过，不需要再

用 C_2 进行更新。

定理 8.8 对于概念 C_1，$C_2 \in L(K_2)$，$C_3 \in L(K_2)$，且 $C_2 \not\leqslant C_1$，$C_1 \not\leqslant C_2$，$C_3 = C_2 \wedge C_1$。如果 $C_1' \in L(K_1)$ 是 C_1 在 $L(K_1)$ 中的更新概念，$C_2' \in L(K_1)$ 是 C_2 在 $L(K_1)$ 中的更新概念，$C_3' \in L(K_1)$ 是 C_3 在 $L(K_1)$ 中的更新概念，且 C_1' 和 C_2' 均不是 C_3 在 $L(K_1)$ 中的更新概念，则 $C_2' \not\leqslant C_1$，$C_1' \not\leqslant C_2'$。

（由概念格的对偶原理可证，过程略）

由定理 8.8 可知，对于不存在 $\leqslant$ 关系的概念 C_1 和 C_2，如果它们的更新概念被它们共同的最大下界概念 C_3 更新过，则无论 C_1 先插入更新，还是 C_2 先更新，都不影响它们插入过程中其余的更新概念更新。

8.4.2 算法描述

与 8.4 节的纵向合并算法类似，可以由定理 8.6、定理 8.7 和定理 8.8 作为理论根据，来设计自顶向下的概念格的横向合并算法。由定理 8.6 可知，某个概念在插入过程中，只需要在它的父概念的新生概念和更新概念集合中进行计算，可以极大地减少概念的查找和比较范围。再由概念格的完备性特点，父概念的新生概念和更新概念集合存在一个最小上界。以这个最小上界为起点，遍历其所有下层概念节点，就能完成概念的插入。特别地，AddIntent 算法[117] 在将形式背景中的对象及属性渐进式地加入到概念格中，算法插入每个对象的返回值正好是所有新生和更新概念集合的最大下界。根据概念格的对偶性原理，将 AddIntent 改造为插入属性的算法，其返回值必然是所有新生概念和更新概念集合的最小上界。

算法的主要思想是，对于两个待合并子概念格 L_1 和 L_2，从子概念格 L_2 的最小上界概念 $L_2.Sup$ 开始，逐个访问每个概念的子概念，将其用改造的 AddIntent 算法加入到子概念格 L_1 中。这样能够保证 L_2 中的概念按照自顶向下的顺序，父概念优先子概念插入。由定理 8.6 知，只需要把改造的 AddIntent 算法返回的父概念的所有新生概念和更新概念的最小上界作为子概念的起始查找概念，即可避免子概念插入 L_1 中的重复判断。当所有 L_2 中的概念插入 L_1 中后，再对每个概念自底向上进行内涵的更新。同时，由定理 8.7 和定理 8.8 知，只要按照外延的升序自底向上进行更新，对于 L_1 中已经更新过的概念，则不必更新。

改造后的 AddIntent 算法如算法 8.3 所示，称为 AddExtent 算法，其主要内容是基于对偶性原理，将 AddIntent 算法的外延和内涵对偶过来，父子关系也对偶过来。同时，AddIntent 算法每次渐增的是形式背景中的对象，与此不同，本节的 AddExtent 算法渐增的是概念格中的概念。

在函数 AddExtent 中，参数 $Extent$ 表示待插入概念的外延，L 表示待插入概念的子概念格，$Generator$ 表示 L 中比较的起始概念，类似于 AddIntent 算法的思想，该概念是所有新生概念与更新概念的上层概念或者说上界。函数的返回值是将

外延为 $Extent$ 的概念插入到 L 中后，所有更新概念和新生概念的最小上界概念。

⊡ **算法 8.3   递归插入外延的渐进式算法**

Function AddExtent($Extent$,$Generator$,L)

输入：外延 $Extent$；起始概念 $Generator$；概念格 L

输出：在 L 中插入外延之后的新概念格 L

BEGIN

01　$Generator$：=GetMinimumConcept($Extent$,$Generator$,L)

02　IF $Generator$. Extent＝Extent THEN

03　　RETURN $Generator$

04　END IF

05　$ChildSet$：=Child($Generator$)

06　$NewChildSet$：=∅

07　FOR each C in $ChildSet$ DO

08　　IF(C. $Extent$. $Extent$)THEN

09　　　C：=AddExtent(C. $Extent$ ∩ $Extent$,C,L)

10　　END IF

11　　addChild：=true

12　　FOR each $Child$ in $NewChildSet$ DO

13　　　IF C. $Extent$⊆$Child$. $Extent$ THEN

14　　　　addChild：=false

15　　　　EXIT FOR

16　　　ELSE IF $Child$. $Extent$⊆C. $Extent$ THEN

17　　　　Remove $Child$ from $NewChildSet$

18　　　END IF

19　　END FOR

20　　IF addChild THEN

21　　　Add C to $NewChildSet$

22　　END IF

23　END FOR

24　$Cnew$：=($Generator$. $Extent$,$Extent$)

25　L：=L∪{$Cnew$}

26　FOR each Child in $NewChildSet$ DO

27　　RemoveLink($Generator$,$Child$,L)

28　　SetLink($Cnew$,$Child$,L)

29　END FOR

30　SetLink($Generator$,$Cnew$,L)

31　RETURN $Cnew$

END

算法中使用到的函数 GetMinimumConcept（$Extent$，$Concept$，L）返回小于 $Concept$ 并且外延包含 $Extent$ 的最下层概念。该函数类似于 AddIntent 算法[117] 中的 GetMaximalConcept 函数，具体描述如算法 8.6 所示。

算法的第 01 行调用 GetMinimumConcept 函数得到包含外延 *Extent* 的 *L* 中的最小子概念。由于 *Generator* 表示所有新生概念与更新概念的某一上界概念,其实质是得到所有新生概念与更新概念的最小上界。该最小上界概念的外延和 *Extent* 相等,则说明定义 8.4 所述的包含外延交集的概念已经存在,不会产生新生概念,算法返回 *Generator*。否则一定会产生新概念,算法第 08~23 行找出新生概念的所有子概念,并在第 24 行根据定义 8.4 生成新概念,在第 26~30 行给新概念建立父子关系。在第 31 行返回新生概念,并且易知,该新生概念必然是此次插入过程中产生的所有新生概念和更新概念的最小上界。

在算法的第 08~23 行中,第 10~33 行对每个 *Generator* 的子概念,递归调用 AddExtent 函数,得到包含 *Extent* 的最小上界概念(由于递归,会将生成的新概念和更新概念也包含进来),继而在第 11~19 行的算法中判断这些概念间是否存在父子关系,根据概念格的父子关系定义,如果没有父子关系则放入 *NewChildSet* 集合,在第 28~30 行给新概念建立父子关系。

考虑到时间效率,算法并没有对更新概念进行内涵的更新,而是在算法调用结束后统一进行外延的更新。具体的过程在概念格的合并算法中进行。以 AddExtent 函数为基础,设计自顶向下的概念格的横向合并算法如算法 8.4 所示。

▣ **算法 8.4   自顶向下的概念格横向合并算法**

Function TopDownHorizontalUnionLattice(L_1, L_2)

输入:待合并的概念格 L_1;L_2

输出:合并后的概念格 L_1

BEGIN

01   L_1. Sup. *Extent* := L_1. Sup. *Extent* $\bigcup L_2$. Sup. *Extent*

02   *GeneratorSet* := {L_1. Inf}

03   *CandidateSet* := $\varnothing$

04   IF |L_2. Sup. Intent| $\neq 0$ THEN

05   Add L_2. Sup to *CandidateSet*

06   ELSE

07   *CandidateSet* := Child(L_2. Sup)

08   END IF

09    $ModifySet[i]$:= $\varnothing$

10   WHILE *CandidateSet* $\neq \varnothing$ DO

11   *Concept* := *CandidateSet*[0]

12   Remove *Concept* from *CandidateSet*

13   *Generator* := *GeneratorSet*[0]

14   Remove *Generator* from *GeneratorSet*

15   *Generator* := AddExtent(*Concept*. *Extent*, *Generator*, L_1)

16   *Generator*. Intent := *Generator*. Intent $\bigcup$ *Concept*. Intent

---

17	Add *Generator* to *ModifySet*[	*Generator*. *Extent*	]
18	*Childs*:=*Child*(*Concept*)
19	FOR each *Child* in *Childs* DO
20	IF Not *Child*. Tag THEN
21	Add *Child* to *CandidateSet*
22	Add *Generator* to *GeneratorSet*
23	*Child*. Tag:=True;
24	END IF
25	END FOR
26	END WHILE
27	FOR *i*:0 to Length(*ModifySet*)−1 DO
28	FOR each *Generator* in *ModifySet*[*i*]DO
29	UpdateChildIntent(*Generator*,*Generator*. Intent,L_1)
30	END FOR
31	END FOR
32	RETURN L_1
	END

函数 TopDownHorizontalUnionLattice（L_1，L_2）中的两个参数 L_1 和 L_2 是两个待合并的子概念格，返回值是合并后的概念格，也即已经将 L_2 中的概念加入到 L_1 后的新概念格 L_1。算法中使用 *CandidateSet* 来保存来自 L_2 中的起始待比较概念。使用 *GeneratorSet* 来保存 *CandidateSet* 中每个概念对应的查找产生子概念的候选概念，使用 *ModifySet* 来保存将来更新外延时的起点。为了避免重复地插入 L_2 中的概念，算法为每个概念新增了 Tag 域，用来标识概念是否访问过的布尔变量。

算法 8.4 中使用到的过程 UpdateChildIntent（*Concept*，*Intent*，*L*）是将属性集 *Intent* 加入到格 *L* 中小于 *Concept* 的所有概念的内涵中，算法如 8.5 所示，将在后文进一步描述。

算法 8.4 的第 01 行对子概念格 L_1 和 L_2 的最小上界进行特殊处理。将 L_2 的最小上界内涵加入到 L_1 的最小上界内涵中。算法第 02～09 行对 *CandidateSet*、*CandidateSet* 和 *ModifySet* 进行初始化。如果 L_2 的最小上界外延为空，则将其所有子概念加入到 *CandidateSet* 集合中作为候选概念。这是由于 AddExtent 算法默认待插入概念的外延集不为空，所以需要特殊处理。

算法的第 10～26 行用于将 L_2 中的概念采用 AddExtent 算法加入到 L_1 中，并将返回值加入到 *ModifySet* 中以便将来进行更新。第 10～14 行是分别从 *CandidateSet* 和 *GeneratorSet* 中取出概念 *Concept* 和 *Generator* 作为 AddExtent 算法的插入概念和起始查找概念。第 15 行是利用 AddExtent 算法在格 L_1 中产生新生或更新概念，并将所有新生概念和更新概念的最小上界返回到 *Generator*，第 16～17 行是更新 *Generator* 的内涵，并将其加入到 *ModifySet* 中以便将来进行更新。第 18～25 行是将 *Concept* 概念的所有父概念加入到 *CandidateSet* 集合中，而 *Generator* 作为这些父概念的 AddExtent 算法的查找起点放入 *GeneratorSet* 中。其中使用 *tag* 标记来防止概念重复被放入。

算法的第 27～31 行是使用过程 UpdateChildIntent 更新每个最小上界 *Candidate* 的所有下层概念。双重循环保证了所有 *Candidate* 按外延的升序排列，由定理 8.7 可知，这样下层概念已经更新过的概念，就不必再重新更新。

过程 UpdateChildIntent 的算法描述如算法 8.5 所示。

⊡ **算法 8.5　更新子概念内涵的算法**

Procedure UpdateChildIntent(*Concept*,*Intent*,*L*)
输入：起始概念 *Concept*；内涵 *Intent*；　概念格 *L*
输出：更新过内涵之后的概念格 *L*
BEGIN
01　*Concept*.Tag：＝True
02　*Concept*.Intent：＝*Concept*.Intent ⋃ *Intent*
03　*Childs*：＝*Child*(*Concept*)
04　FOR each *C* in *Childs* DO
05　　IF Not *C*.Tag THEN
06　　　UpdateChildIntent(*C*,*Intent*,*L*)
07　　END IF
08　END FOR
END

过程 UpdateChildIntent 的第 01 行将概念的 Tag 标识置为 True，表示本概念已被访问，以后不需要再更新本概念及其子概念。第 02 行将内涵 *Intent* 加入到当前概念 *Concept* 的内涵中。第 03～08 行递归更新当前概念的所有下层概念。其中，第 05 行避免了已被更新过的概念再次被更新。

⊡ **算法 8.6　查找包含指定外延集的最小概念的算法**

Function GetMinimumConcept(*Extent*,*Concept*,*L*)
输入：外延 *Extent*；起始概念 *Concept*；概念格 *L*
输出：外延包含 *Extent* 的最下层概念
BEGIN
01　*IsMinimal*：＝True
02　WHILE *IsMinimal* DO
03　　*IsMinimal*：＝False
04　　FOR each *C* in *Child*(*Concept*)DO

05	IF $Extent \supseteq Extent(C)$ THEN
06	$Concept := C$
07	$IsMinimal := \text{True}$
08	EXIT FOR
09	END IF
10	END FOR
11	END WHILE
12	RETURN $Concept$
END	

函数 GetMinimumConcept 在第 02～11 行不断循环查找子概念中外延包含 $Extent$ 的概念，直到找不到更小的概念。最后在第 12 行返回找到的最小概念。

8.4.3 实验

为了验证算法的有效性，我们使用 Delphi7 编程实现了本节算法（简记为 TDHUL 算法），文献［128］中的算法（简记为 HUMCL 算法）以及文献［130］中的算法（简记为 HUCLBCC 算法）。在 CPU 主频为 3.40GHz、内存为 3GB、操作系统为 Windows XP 的计算机上进行了如下实验。

实验一，实验数据为随机生成的形式背景，属性个数固定为 100，对象属性间存在关系的概率固定为 20%，对象个数从 10 开始，每次递增 10 个，直至 150 为止，共包含 15 个形式背景。实验结果如图 8-7 所示，随着对象个数的增大，本节的 TDHUL 算法缓慢的增大，而 HUMCL 和 HUCLBCC 算法所耗费的时间则迅速上升。

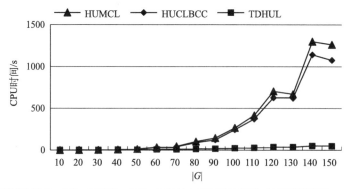

图 8-7 数据集规格为 | M | = 100，相关率= 20%，| G | 从 10 到 150 间隔为 10 的实验结果

实验二，实验中随机生成形式背景的对象个数固定为 100，对象属性间存在关系的概率固定为 20%，属性个数从 10 开始，每次递增 5 个，直至 80 为止，共包

含 15 个形式背景。实验结果如图 8-8 所示，随着对象个数的增大，本节的 TDHUL 算法缓慢的增大，而 HUMCL 和 HUCLBCC 算法所耗费的时间则迅速上升。

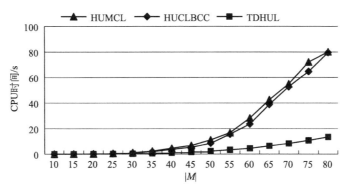

图 8-8 数据集规格为 l G l = 100，相关率= 20%，l M l 从 10 到 80 间隔为 5 的实验结果

实验三，用作实验数据为随机生成的形式背景，对象个数固定为 100，属性数固定为 20，对象属性间存在关系的概率从 20% 到 50%，每次递增 2%，共包含 16 个形式背景。实验结果如图 8-9 所示，随着属性个数的增大，本节的 TDHUL 算法缓慢的增大，而 HUMCL 和 HUCLBCC 算法所耗费的时间则以指数级迅速上升。

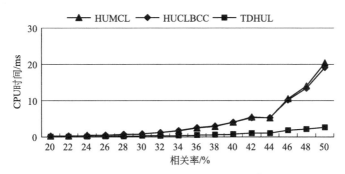

图 8-9 数据集规格为 l G l = 100，l M l = 20，关系概率从 20% 到 50% 间隔 2% 的实验结果

实验结果充分说明，随着形式背景规模的增大，本算法在查找效率上要比对比文献中的算法效率高很多。

8.5 AddConcept：自顶向下的概念格横向合并算法

在 8.4 节研究的基础上，本章提出了一个更加高效的概念格合并算法，充分利用原有子概念格的结构，大幅缩小了概念比较的范围。实验和分析均表明，与其他概念格合并算法相比，此算法效率明显提高，适合概念格的合并运算。

8.5.1 相关定义

本节主要介绍形式概念分析中的概念格及横向合并的相关概念[36,135,139]。

定义 8.10 设有概念 $C_1 = (O_1, D_1)$ 和 $C_2 = (O_2, D_2)$，若满足 $O_1 \subseteq O_2$（等价于 $D_1 \supseteq D_2$），则称 $(O_1, D_1) \leqslant (O_2, D_2)$。若不存在 $C_3 = (O_3, D_3)$，满足 $(O_1, D_1) \leqslant (O_3, D_3) \leqslant (O_2, D_2)$，则称 $(O_1, D_1) < (O_2, D_2)$，且称 (O_1, D_1) 为子概念，(O_2, D_2) 为父概念。

定义 8.11 对于内涵一致的两个形式背景 K_1 和 K_2，$C_1 = (O_1, D_1) \in L(K_1)$，$C_2 = (O_2, D_2) \in L(K_2)$。定义概念间的横向加运算为 $C_3 = C_1 \mp C_2 = (O_1 \cap O_2, D_1 \cup D_2)$。

文献［139］采用将一个概念格中的概念插入到另一个内涵一致的概念格中的方式来合并概念格。在将 $L(K_2)$ 中的概念插入概念格 $L(K_1)$ 的过程中，为了区分 $L(K_2)$ 的概念在 $L(K_1)$ 中所发生的不同变化，特作以下定义：

定义 8.12 在将 $C_2 \in L(K_2)$ 插入 $L(K_1)$ 时，需要与 $L(K_1)$ 中的概念 C_1 做横向加运算 $C_1 \mp C_2$，称 C_1 为插入概念，C_2 为待比较概念。

在概念插入时，插入概念与待比较概念进行横向加运算，有以下两种情况的运算会对被插入概念格产生影响。

定义 8.13 给定两个内涵一致的概念格 $L(K_1)$ 和 $L(K_2)$，以及概念 $C_1 = (O_1, D_1) \in L(K_1)$，$C_2 = (O_2, D_2) \in L(K_2)$。如果 $O_1 \subseteq O_2$ 成立，则称待比较概念 C_1 为插入概念 C_2 的更新概念。

概念 C_2 被插入 $L(K_1)$ 后，它会将 C_1 更新为 $(O_1, D_1 \cup D_2)$。也即新的 C_1 是 $C_1 \mp C_2$ 运算的结果。

定义 8.14 给定两个内涵一致的概念格 $L(K_1)$，$L(K_2)$，$C_2 = (O_2, D_2) \in L(K_2)$，如果存在一个概念 $C_1 = (O_1, D_1) \in L(K_1)$，满足：①在概念格 $L(K_1)$ 中不存在任何概念 $C = (O, D)$，使 $O = O_1 \cap O_2$；②对于 C_1 概念的任意子概念 $C_3 = (O_3, D_3)$，都没有 $O \cap O_3 = O \cap O_1$；则称 C 为新生概念，且待比较概念 C_1 为与插入概念 C_2 形成新生概念 C 的产生子概念。

对于定义 8.14 中的条件②，实际上是为了保证产生子概念是其新生概念的上确界（supremum）概念，也即保证产生子概念是在满足条件①的所有概念中最小的那个概念。概念 C_2 被插入到 $L(K_1)$ 后，和概念 C_1 做横向加运算会产生新生概念 $C = C_1 \mp C_2 = (O_1 \cap O_2, D_1 \cup D_2)$。且根据条件②，待比较概念 C_1（产生子概念）是 C 的父概念。

8.5.2 算法的理论依据

引理 8.1　对于 $C_2=(O_2,D_2)\in L(K_2)$，将 C_2 插入 $L(K_1)$ 后，若存在概念 $C_1=(O_1,D_1)\in L(K_1)$，满足 $O_1\subseteq O_2$，则 C_1 必然是 C_2 在 $L(K_1)$ 中的新生概念或者更新概念。

证明：若概念 C_1 是 C_2 插入前已有的概念，则由定义 8.13 可知，C_1 必然是 C_2 的更新概念。若 C_2 插入前 C_1 不存在，则由定义 8.14 可知，C_2 必然是新生概念。证毕。

定理 8.9　对于已经插入 $L(K_1)$ 的两个概念 $C_1=(O_1,D_1)$，$C_2=(O_2,D_2)\in L(K_2)$，且有 $C_1\leqslant C_2$，如果 $C=(O,D)\in L(K_1)$ 是 C_1 在 $L(K_1)$ 中的产生子概念或者更新概念，则 C 必然也是 C_2 在 $L(K_1)$ 中的新生概念或者更新概念。

证明：① 若 C 是 C_1 在 $L(K_1)$ 中的更新概念，由定义 8.13 知，有 $O\subseteq O_1$。又因为 $C_1\leqslant C_2$，故有 $O_1\subseteq O_2$。因此有 $O\subseteq O_1\subseteq O_2$。则由引理 8.1 知，由于 $O\subseteq O_2$，C 必然也是 C_2 在 $L(K_1)$ 中的新生概念或者更新概念。

② 若 C 是 C_1 在 $L(K_1)$ 中的产生子概念，设新生概念为 $C_n=(O_n,D_n)$。由定义 8.14 知 $O_n=O_1\cap O$，且 $L(K_1)$ 中不存在 $C_3=(O_3,D_3)$ 满足 $O_1\cap O_3=O_1\cap O$。下面用反证法来证明 $O\subseteq O_2$。设 $O\nsubseteq O_2$，且 $O\cap O_2=O_d$。根据定义 8.13 和定义 11，当概念 C_2 插入 $L(K_1)$ 后，$L(K_1)$ 必然存在外延为 O_d 的概念，可记为 $C_d=(O_d,D_d)$。由于 $C_1\leqslant C_2$，故有 $O_1\subseteq O_2$，所以 $O_d\cap O_1=O\cap O_1\cap O_2=O\cap O_1$。因此存在概念 $C_d=(O_d,D_d)$ 满足 $O_1\cap O_d=O_1\cap O$。这与 C 是 C_1 在 $L(K_1)$ 中的产生子概念相矛盾，故 $O\subseteq O_2$，由引理 8.1 知，C 必然也是 C_2 在 $L(K_1)$ 中的新生概念或者更新概念。证毕。

由定理 8.9 可知，$L(K_2)$ 中子概念 C_1 在 $L(K_1)$ 中的所有产生子概念和更新概念，必然是父概念 C_2 在 $L(K_1)$ 中的新生概念和更新概念的子集。因此可以将父概念 C_2 先于子概念 C_1 插入 $L(K_1)$，子概念只需要在父概念的新生概念和更新概念集合中继续比较即可，这将极大地减少概念的查找和比较范围。

定理 8.10　对于概念 $C_1=(O_1,D_1)$，$C_2=(O_2,D_2)\in L(K_2)$，且有 $C_1\leqslant C_2$，如果 $C_3=(O_3,D_3)\in L(K_1)$ 且有 $O_3\cap O_2\subseteq O_1$，则 C_3 及其所有下层概念若为 C_1 的产生子概念、新生概念或者更新概念，则必然同时也是 C_2 的产生子概念、新生概念或者更新概念。

证明：设 $C_4=(O_4,D_4)\in L(K_1)$ 是 C_3 或 C_3 的下层概念，则有 $O_4\subseteq O_3$。

若 $O_4\subseteq O_1$。由于 $C_1\leqslant C_2$，故有 $O_1\subseteq O_2$。所以有 $O_4\subseteq O_1\subseteq O_2$。由引理 8.1 可知 C_4 必然同时是 C_1 和 C_2 的新生概念或者更新概念。

若 $O_4\nsubseteq O_1$。由于 $O_3\cap O_2\subseteq O_1$，以及 $O_4\subseteq O_3$，则有 $O_4\cap O_2\subseteq O_1$，可得

$O_4 \bigcap O_2 \subseteq O_4 \bigcap O_1$，又由于 $O_1 \subseteq O_2$，所以有 $O_4 \bigcap O_2 = O_4 \bigcap O_1$。对于 C_4 概念的任意子概念 $C_5 = (O_5, D_5)$，如果都没有 $O_5 \bigcap O_2 = O_4 \bigcap O_2$，则必然也没有 $O_5 \bigcap O_1 = O_4 \bigcap O_1$。由定义 8.14 可知，$C_4$ 必然同时也是 C_1 和 C_2 的产生子概念，且 C_1 和 C_2 的新生概念也必然相同。证毕。

在定理 8.9 的基础上，定理 8.10 进一步阐述了 $L(K_2)$ 中的概念与 $L(K_1)$ 中的哪些概念进行横向加运算时，子概念可以代替父概念进行比较。由定理 8.10 可知，若子概念 C_1 的外延包含父概念 C_2 和待比较概念 C_3 外延的交集，则与 C_3 及其所有下层概念做横向加运算时，都可以用子概念 C_1 来代替父概念 C_2。因为此时 C_1 和 C_2 的产生子概念、新生概念或者更新概念相同。

定理 8.11　对于概念 $C_1 = (O_1, D_1)$，$C_2 = (O_2, D_2) \in L(K_2)$，且有 $C_1 \leqslant C_2$。如果 $C = (O, D) \in L(K_1)$ 是 C_1 和 C_2 在 $L(K_1)$ 中的共同的更新概念，则 $D_2 \subseteq D_1 \subseteq D$。

证明：由于 C 是 C_1 和 C_2 在 $L(K_1)$ 中的更新概念，则有 $O \subseteq O_1$ 和 $O \subseteq O_2$。又由于 $C_1 \leqslant C_2$，则有 $O_1 \subseteq O_2$。所以有 $O \subseteq O_1 \subseteq O_2$，即 $C \leqslant C_1 \leqslant C_2$，由定义 8.10 知，$D_2 \subseteq D_1 \subseteq D$。证毕。

由定理 8.11 可知，对于父概念 C_2 和子概念 C_1 的共同更新概念 C，当插入 C_1 时更新 C 后得到的新的 C 的内涵，要包含插入 C_2 时更新 C 后得到的新的 C 的内涵。因此在对概念进行更新时，先用子概念 C_1 对概念 C 进行更新，不需要再用父概念 C_2 进行更新。

以定理 8.9 为理论根据来设计自顶向下的概念格的横向合并算法，其主要思想如图 8-10 所示。对于两个待合并的子概念格 L_1 和 L_2，从子概念格 L_1 和 L_2 的最小上届概念（上确界概念）开始，分别从两个子概念格 L_1 和 L_2 中取两个概念 C_1 和 C_2 进行横向加运算。如果在子概念格 L_1 中存在概念 C_3 的外延等于 C_1 和 C_2 外延的交集，则根据定义 8.11 可知，C_1 和 C_2 横向加运算的结果概念为 C_3。所有比 C_3 小的概念外延都是 C_2 外延的子集，由定义 8.13 可知，C_3 和小于 C_3 的概念都是更新概念，将这些更新概念内涵加入 C_2 内涵进行更新。如果在子概念格 L_1 中不存在任何一个概念的外延等于 C_1 和 C_2 外延的交集，则由定义 8.14 知，需要产生一个新生概念。先在 L_1 中寻找包含 C_1 和 C_2 外延的交集的最小概念，由定义 8.14 条件②知，该概念为产生子概念。由此可产生新生概念 C_3. 根据概念格的定义 8.10 和定义 8.11，当产生新生概念时，需要进行边的调整。新生概念的父概念为产生子概念，需要建立产生子概念 C_g 和 C_3 之间的边。新生概念的子概念必然为 C_2 和小于产生子概念的其他概念做横向加运算的结果概念（新生概念或更新概念），因此可递归计算 C_2 和 C_g 的子概念的横向加运算来得到这些新生概念或更新概念. 由于新生概念可能要居于某些父子概念之间，根据定义 8.10，这些父子概念间的父子关系将不存在，因此需要删除这些边。当计算过 C_1 和 C_2 的横向加运算之后，由于在这个同时已经递归计算了 C_2 和其他概念的横向加运算，算法就完成了 C_2 概念的插入。继续将 C_2 的子概念插入到 L_1 中。根据定理 8.9，子概念只需在父概念的新生概念和更新概念中继续进行横向加运算。因此，算法将新生或更新概念 C_3 作为新的 C_1，C_2 的子概念作为新的 C_2 进行递归插入。

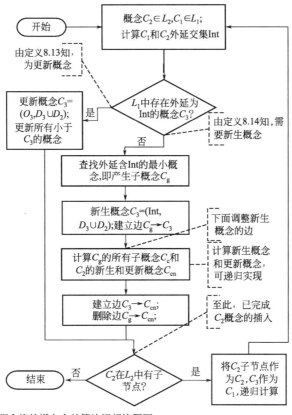

图 8-10 自顶向下的概念格的横向合并算法思想流程图

8.5.3 算法描述

定理 8.10 和定理 8.11 可以使我们在进行具体的算法实现时，进一步提高算法的时间性能。由定理 8.10 的结论，遇到父概念与待比较概念的外延交集是子概念的子集时，用子概念继续在 L_1 中比较，即可避免在插入过程中的重复判断。由定理 8.11 知，对于 L_1 中已经更新过的概念，则不必更新。因此可以当所有 L_2 中的概念插入 L_1 中后，再按照从下到上的顺序对更新概念的内涵进行更新。这样就大大减少了概念的比较范围，从而提高了算法的时间性能。

借鉴 AddIntent 算法[128] 的递归思想，向 L_1 中递归插入 L_2 中的概念的算法设计如算法 8.7 所示：

Function AddConcept(L_2C,L_1C,L_2,L_1,MS)

BEGIN

01　Int:$=L_1C. Extent \bigcap L_2C. Extent$

02　$L_1C=$GetMinimumConcept(Int,L_1C,L_1)

03　$L_2C=$GetMinimumConcept(Int,L_2C,L_2)

04　If $L_1C. Extent=Int$

05　If(Not $L_2C. Tag$)And($Int \subseteq L_2C. Extent$)

06　　　$L_2C. Tag=$True

07　　　Add L_1C to $MS[\lfloor L_1C. Extent \rfloor]$

08　　　$L_1C. Intent$:$=L_1C. Intent \bigcup L_2C. Intent$

09　　End If

10　　$Cnew$:$=L_1C$

11　Else

12　　$NewChildSet$:$=\emptyset$

13　　For each C in Children of L_1C

14　　　If $C. Extent \not\subset Int$

15　　　　C:$=$AddConcept(L_2C,C,L_2,L_1,MS)

16　　　End If

17　　　$addChild$:$=$true

18　　　For each $Child$ in $NewChildSet$

19　　　　If $C. Extent \subseteq Child. Extent$

20　　　　　$addChild$:$=$false

21　　　　　Exit For

22　　　　Else If $Child. Extent \subseteq C. Extent$

23　　　　　Remove $Child$ from $NewChildSet$

24　　　　End If

25　　　End For

26　　　If $addChild$

27　　　　Add C to $New ChildSet$

28　　　End If

29　　End For

30　　$Cnew$:$=(Int$,$L_1C. Intent \bigcup L_2C. Intent)$

31　　L_1:$=L_1 \bigcup \{Cnew\}$

32　　For each $Child$ in $New ChildSet$

33　　　RemoveLink(L_1C,$Child$,L_1)

34　　　SetLink($Cnew$,$Child$,L_1)

35　　End For

36　　SetLink(L_1C,$Cnew$,L_1)

37　End If

38　For each C in Children of L_2C

39　　AddConcept(C,$Cnew$,L_2,L_1,MS)

40　End For

41　Return $Cnew$

在函数 AddConcept 中，参数 L_1、L_2 分别表示两个待合并的子概念格，L_2C 表示概念格 L_2 中待插入 L_1 中的当前概念，L_1C 表示 L_1 中的待比较概念，MS 用于存放算法结束后进行自底向上更新内涵的概念。函数的返回值是 L_2C 与 L_1C 横向加运算后的更新概念或新生概念。在算法中，用 $C.Extent$ 表示概念 C 的外延，$C.Intent$ 表示概念 C 的内涵。由于算法是自顶向下的，因此默认 L_2C 和 L_1C 的父概念已运算。并且由于算法是递归的，所以也可以认为函数的返回值是将 L_2C 及其子概念插入到 L_1C 及其子概念后，所有更新概念和新生概念的最小上界概念。

算法中使用到的函数 GetMinimumConcept（$Extent$，$Concept$，L）返回小于 $Concept$ 并且外延包含 $Extent$ 的最下层概念。过程 UpdateChildExtent（$Concept$，$Intent$，L）是将格 L 中小于 $Concept$ 的所有概念的内涵加入属性集 $Intent$，本过程将在后文进一步描述。为了避免重复地插入 L_2 中的概念，算法为每个概念新增了 Tag 域，用来标识概念是否访问过。

函数的第 01 行是计算当前的 L_1C 和 L_2C 的外延交集 Int，用于判断是否需要产生新概念。第 02~03 行分别得到包含外延交集 Int 的 L_1C 和 L_2C 的最小子概念。如果 L_1C 概念和 Int 相等，则说明定义 8.14 所述的包含外延交集的概念已经存在，不会产生新生概念，L_1C 为更新概念（第 04~11 行）。否则 L_2C 概念一定会和 L_1C 产生新概念。其中，第 03 行是根据定理 8.10，用子概念代替父概念进行递归查找，避免重复判断。第 08~09 行将每个 L_2C 产生的更新概念存放于集合 MS 中，以便算法结束后再集中进行更新。

第 13~29 行找出新生概念的所有子概念，并在 31 行根据定义 8.14 产生新概念，在第 32~36 行给新概念建立父子关系。其中，第 14~16 行对每个 L_1C 的子概念，递归调用 AddConcept 算法，得到包含 Int 的最小上界概念（由于递归，会将生成的新概念也包含进来）。这些概念显然是新生概念的子概念。在 18~25 行判断这些概念间是否存在父子关系，这是为了在第 32~36 行给新生概念建立父子关系时，避免出现不满足定义 8.10 的情况。

第 38~40 行是将 L_2C 的子概念继续插入到 L_1 中。

利用 AddConcept 算法设计自顶向下的概念格的横向合并算法如算法 8.8 所示。

▫ **算法 8.8 HorizontalUnionLattice 算法**

Function HorizontalUnionLattice(L_1,L_2)：

BEGIN

01 $MS[i]:=\varnothing$

02 $L_1.Sup.Extent：=L_1.Sup.Extent \bigcup L_2.Sup.Extent$

03 If $|L_2.Sup.Extent| \neq 0$ then

04   AddConcept($L_2.Sup$,$L_1.Sup$,L_2,L_1,MS)

```
05    Else
06      For each C in Children of L₂.Sup
07        AddConcept(C,L₁.Sup,L₂,L₁,MS)
08      End For
09    End If
10    For each C in L₂
11      If(Not C.Tag)
12        AddConcept(C,L₁.Sup,L₂,L₁,MS)
13      Else
14        C.Tag:=False
15      End If
16    End For
17    For i:0 to Length(MS)−1  Do
18      For each C in MS[i]
19        UpdateChildExtent(C,C.Intent,L₁)
20      End For
21    End For
22    Reset Tag of all Concepts in L₁
23    Return L₁
```

函数 HorizontalUnionLattice（L_1，L_2）中的两个参数 L_1 和 L_2 是两个待合并的子概念格，返回值是合并后的概念格，也即已经将 L_2 中的概念插入到 L_1 后的新的概念格 L_1。其中，集合 MS 用于保存函数 AddConcept 中产生的更新概念。MS 是集合的集合，相同外延大小的更新概念将被归类到一个集合中，并将这些集合按外延大小从小到大存放在集合 MS 中。

函数的第 01 行对集合 MS 进行初始化。02 行对子概念格 L_1 和 L_2 的最小上届进行特殊处理，将 L_2 的最小上界概念 Sup 的内涵加入到 L_1 的 Sup 内涵中。这是因为函数 AddConcept 要求概念格 L_1 的 Sup 的外延必须包含 L_2 中所有概念的外延。算法第 03～09 行调用函数 AddConcept 将 L_2 的 Sup 及其子节点插入到 L_1 中。其中，第 03 行进行特殊判断，是因为当 L_2 的 Sup 的外延为空时，调用函数 AddConcept 仅将 L_2 的 Sup 更新 L_1 的 Sup，而不会更新 L_1 的 Sup 的子概念。函数 AddConcept 不断递归调用，会将 L_2 的所有概念都插入到 L_1 中。

10～16 行将调用函数 AddConcept 时对 L_2 中概念所做的 Tag 标记进行重置。当 L_2 中的一对父子概念在先后通过函数 AddConcept 插入到 L_1 中时，如果在 L_1 中恰好存在另一对父子概念，其外延分别和该父子的外延相同，则该父概念就会被跳过。虽然这并不影响新生概念的生成，但在 MS 中会遗漏对其概念的更新。11～13 行即是将这些遗漏的概念重新使用 AddConcept 算法插入 L_1 中寻找更新概念，并放入到 MS 中。

算法的 17～21 行是使用过程 UpdateChildExtent 更新每个在 MS 中存放的更新概念及其所有下层概念。过程 UpdateChildIntent 的算法描述如算法 8.9 所示。

⊡ **算法 8.9　UpdateChildIntent 算法**

Procedure UpdateChildIntent(C, $Intent$, L)

BEGIN

01　$CSet$:= $\{C\}$

02　For each C in $CSet$

03　　$C.Tag$:= True

04　　For each $Child$ in Children of C

05　　　If Not $Child.Tag$

06　　　　Add $Child$ to $CSet$

07　　　　$Child.Intent$:= $Child.Intent \bigcup Intent$

08　　　End If

09　　End For

10　End For

算法 8.8 HorizontalUnionLattice 算法过程 UpdateChildIntent 的第 01 行将概念 C 放入集合 $CSet$ 中。在 02～09 行，对所有放入 $CSet$ 中的概念的子概念进行更新，并不断将该子概念放入 $CSet$ 中。其中，第 03 行将概念 C 的 Tag 标识置为 True，表示本概念已被访问，以后不需要再更新本概念及其子概念；第 05 行避免了已被更新过的概念再次被更新；第 07 行将内涵 $Intent$ 加入到子概念的内涵中。显然，过程 UpdateChildIntent 会将参数概念 C 的所有子概念的内涵全部都更新。

需要说明的是，在函数 HorizontalUnionLattice 中，是按照 MS 中从小外延到大外延的顺序来调用过程 UpdateChildIntent 的，因此子概念先于父概念被更新，所以已经给加上了 Tag 标记的概念，由定理 8.11 可知不需要再更新。

⊡ **算法 8.10　GetMinimumConcept 算法**

Function GetMinimumConcept($Extent$, $Concept$, L)

BEGIN

01　$IsMinimum$:= True

02　While $IsMinimum$

03　　$IsMinimum$:= False

04　　For each $Child$ in Children of $Concept$

05　　　If $Extent \subseteq Child.Extent$

06　　　　$Concept$:= $Child$

07　　　　$IsMinimum$:= True

08　　　　Exit For

09	End If
10	End For
11	End While
12	Return *Concept*

本节算法的时间复杂度主要取决于 AddConcept 函数的递归调用次数和单次调用 AddConcept 的运行时间（不含递归部分）。设 L_1 和 L_2 合并后的概念格为 L；L_1、L_2 和 L 的概念总数为 $|L_1|$、$|L_2|$ 和 $|L|$；对象总数为 $|G|$，属性总数为 $|M|$。L_1 和 L_2 中的概念 L_1C 和 L_2C 作为函数 AddConcept 的参数在函数中被递归传递多次。这两个参数是影响函数递归次数的主要因素。GetMinimumConcept 函数是影响单次调用 AddConcept 函数的计算时间的主要因素。

对于参数 L_1C，由于在第 02 行调用了 GetMinimumConcept 函数，且在第 04 行对外延与交集相同的 L_1C 都会作为更新概念返回。所以无论是 L_1 中的新生概念还是更新概念，对于内涵相同的 L_1C（也即同一个概念）只会在 AddConcept 函数中调用一次。对于参数 L_2C，在 38～40 行的函数递归调用中，会将 L_2 中的所有子概念作为参数传递一遍。因为 L_1 中的概念会随着新生概念的不断生成而不断增多，最终达到合并后概念格的概念数量 $|L|$。因此 AddConcept 函数的调用次数最多不超过 $|L||L_2|$。但是在第 39 行每次将 L_2C 的某个子概念插入时，该子概念仅仅与 L_2C 插入时所影响的更新概念或新生概念进行概念的横向加运算。根据文献 [5] 中所采取的通常做法，可以假设平均情况下，L_2 中的某个概念插入 L_1 中所得到的新生和更新概念个数与 L_1 中的概念数存在关系 $k|L|$（由于算法中 L_1 是不断动态被更新为 L，所以这里的概念个数为 $|L|$，k 是小于 1 的正实数），因此可以认为 AddConcept 函数的调用次数最多不超过 $k|L||L_2|$。

由于 GetMinimumConcept 函数的时间复杂度最坏情况下为 $O(|G|^2|M|)$，而在 15 行和 39 行调用 AddConcept 函数的 For 循环最大次数为 $|G|$，所以单次调用 AddConcept 函数（不含递归调用）的时间复杂度为 $O(|G|^3|M|)$。

综上可得，本算法的时间复杂度为 $O(k|L||L_2||G|^3|M|)$。

8.5.4　实验

为了验证算法的有效性，我们使用 Delphi 7 编程实现了本节算法（简记为 HULAC 算法），文献 [139] 中的算法（简记为 HUMCL 算法）以及文献 [141] 中的算法（简记为 HUCLBCC 算法）.在 CPU 主频为 2.30GHz、内存为 3GB、操作系统为 Windows XP 的计算机上进行了三组实验。实验数据为随机生成的形式背景，每次固定两个参数，动态变化一个参数。每次实验将该组中的每个形式背景横向拆分为属性数相等的两个子形式背景并分别构造概念格，然后使用三个算法进行合并，并记录运行时间。

实验一，形式背景属性数固定为 100，对象与属性间存在关系概率（简称为相关率）固定为 20%，对象数从 10 开始，每次递增 10 个，直至 150 为止，共包含 15 个形式背景。实验结果如图 8-11 所示。

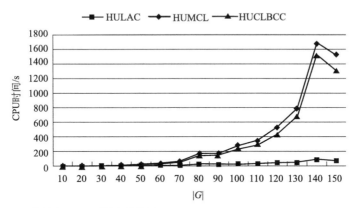

图 8-11 |M| = 100，相关率= 20% 时的实验结果

实验二，形式背景的对象数为 100，相关率为 20%，属性数从 10～80，每次递增 5 个。实验结果如图 8-12 所示。

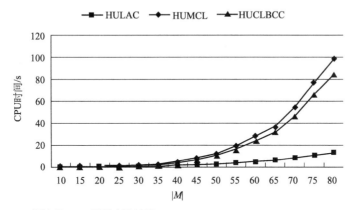

图 8-12 |G| = 100，相关率= 20% 时的实验结果

实验三，形式背景对象数为 100，属性数为 20，相关率从 20%～50%，每次递增 2%。实验结果如图 8-13 所示。

图 8-11、图 8-12、图 8-13 所示的实验结果充分说明，随着形式背景规模（对象数、属性数、相关率）的增大，本算法在查找效率上要比对比文献中的算法效率高很多。这得益于本节在概念格合并时所依据的理论基础。本节算法和对比文献算

法虽然都采取将一个子概念格插入另一个子概念格中的做法来合并概念格。但是由于本节算法利用了子概念的产生子概念和更新概念一定是父概念的新生概念和更新概念这一个重要结论（定理 8.9），每次插入时仅需比较父概念插入所产生的更新概念和新生概念，极大节省了概念横向加运算的次数。定理 8.10 的结论在此基础上进一步缩减了运算次数。而对比文献的算法进行概念格合并时，仅利用了概念的外延序关系，每个插入概念几乎都要对更新或新生的概念之外的所有概念进行比较。

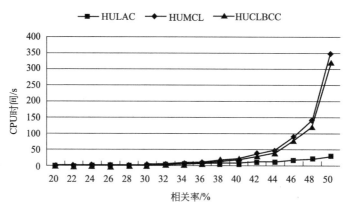

图 8-13 ｜GI｜ = 100，｜MI｜ = 20 时的实验结果

小结

对已有的访问控制系统进行整合来得到新的访问控制系统能够简化访问控制系统的建立过程，而利用概念格的合并可以很好地进行访问控制系统的合并。但是原有的概念格合并算法时间性能有限，本章在研究了概念格的一些数学性质的基础上，提出了时间性能更加高效的概念格合并算法。

本章提出的纵向合并算法能够根据待插入概念的父子关系对新生概念和更新概念的影响，通过自底向上的方式，缩小了概念的比较范围，并进一步采用自上而下快速更新概念的外延，节省大量的比较时间。基于概念格的对偶原理，本章也提出了概念格的横向合并算法。该算法通过自顶向下的方式进行概念的插入，然后采用自底向上的方式快速更新概念的外延。

实验表明，本节所提出的概念格纵向和横向合并算法针对以往算法在时间性能上有较大幅度的提高，能够适应对于较大规模的访问控制系统中角色的合并。

结　论
──

信息系统的日趋复杂化和多样化，给 RBAC 系统的设计和管理提出了更高的挑战。为满足复杂系统对角色的设计和维护的要求，角色工程方法的研究逐渐向自动化方向发展。本书利用概念格的自动聚类和自动构建层次等优点，对自动化的角色构建、时间复杂度、检错纠错、多人协作等方面进行研究，同时也对角色更新和角色合并进行了深入的研究。概括起来，本书的主要贡献如下：

① 提出了基于属性探索的自顶向下的角色工程方法。该方法能够通过交互式询问的方式来半自动地帮助系统分析师还原领域专家的背景知识、完善角色工程的分析流程。与经典的自上而下的角色工程方法相比，该方法提供了一种半自动化的验证过程，确保能够遍历到所有场景和用例所涉及的所有权限的组合，能够避免由于依赖人工分析导致重要的场景用例或角色被遗漏的问题。同时，属性探索算法能够利用概念格的 Hasse 图自动化地生成角色的层次模型。

② 提出了基于不相关属性集合的属性探索算法。为了降低属性探索算法的时间复杂度，本书借助属性集合与主基不相关的关系，跳过与主基不相关的属性集合是否为下一个属性探索问题的判断过程，减少寻找下一个交互问题的搜索空间，降低算法的时间复杂度。

③ 提出了 RBAC 自纠错的角色探索算法。为了解决基于概念格的角色探索方法无法检错与纠错的缺陷，本书利用离散数学中蕴涵等值关系式，发现专家对于同一个蕴涵式给出的答案是否前后矛盾。在发现矛盾后，根据专家给出的答案与主基和内涵集合的内在逻辑关系，计算出已得到的权限与权限间蕴涵关系（主基）主基和角色（内涵）集合中，需要删除和添加的元素。

④ 提出了 RBAC 多人协作的角色探索算法。为了解决基于概念格的角色探索方法不支持多人协作的缺陷，本书利用传统属性探索算法与多位专家进行交互，得到多位专家的知识（权限间蕴涵关系与角色），在多个专家交互完成后，将各个专家的知识进行合并，从而得到多位专家知识合并后的主基和角色集合。解决了基于概念格的角色探索方法不支持多人协作的缺陷。

⑤ 提出了基于概念格的最小角色集求解模型和算法。该模型能够在基于概念格的 RBAC 模型所发现的角色集合中，找出满足最小权限原则的最小角色集合。由于模型中的最小角色集问题的求解是一个 NP 难问题，又进一步提出了一个基于替代和约简的贪婪算法，实验和分析表明算法的具有较高的准确度和较快的时间性能。该模型和算法能够将基于概念格的角色挖掘方法所构建的角色层次结构中大量

的冗余角色进行精简，方便了系统管理员的管理操作。

⑥ 提出了概念格的渐减式算法。算法能够在需要删除某些对象（主体）或者属性（客体）时，在原概念格基础上对概念格的节点和 Hasse 图进行渐进式地调整，不需要重新构造概念格，从而节省了大量的计算时间。实验结果表明算法具有良好的时间性能，能够满足访问控制中因主客体变化对角色更新的时间性能要求。

⑦ 提出了时间性能更加高效的概念格合并算法。提出的概念格纵向与横向合并算法均采用渐进式地方式将一个子概念格中的概念逐个插入到另一个子概念格中来得到合并后的概念格。由于充分利用了父-子概念产生概念和新生概念的关系，获得了比经典算法更好的时间性能。该算法能够用来完成基于概念格的 RBAC 系统中角色及其层次结构的合并。

综上所述，本书针对基于概念格的角色工程及角色探索进行了深入研究，并取得了一定成果。在本书研究的基础上，还需要从以下几个方面继续开展工作：

① 研究基于概念格的约束生成算法。本书只考虑了在自顶向下的角色工程方法中，利用概念格的属性探索理论进行角色发现和角色层次生成的方法，没有考虑对系统功能对权限和角色的约束性要求。概念格的数据挖掘和属性探索方法能够从已有访问控制矩阵的数据中或未知的领域专家的知识背景中把依赖关系挖掘和探索出来，这对 RBAC 模型的约束生成能够提供有力的支持。因此研究基于概念格的约束生成算法是未来研究的一个重要工作。

② 同时对多个对象属性删除及修改属性对象关系的渐进式算法。在实际应用中，访问控制背景的变化会存在有可能会同时删除两个以上的主体或客体，或者修改主体对客体的访问控制操作。因此需要研究同时删除多个对象或属性，或修改对象与属性间关系的渐进式算法。这可以连续使用多次概念格的对象或属性渐减算法做到，例如可以使用多次渐减式算法来删除 n 个以上对象或属性；可以使用渐减算法和渐增算法相结合的方式来完成对象与属性关系的调整，先用渐减算法将相应的对象和属性删除，然后再利用渐增算法将调整过对象-属性关系的对象或属性重新加入到概念格中。但是基于时间性能的原因，研究能够一次做完删除多个对象或属性，以及调整对象和属性关系的算法，无疑是进一步研究的有意义的工作。

参考文献

[1] SAMARATI P, VIMERCATI S D C D. Access Control: Policies, Models, and Mechanisms [C].
     FOSAD 2000. LNCS, vol. 2171, 137-196, 2001.
[2] DOWNS D D, RUB J R, KUNG K C, et al. Issues in Discretionary Access Control [C]. 1985 IEEE
     Symposium on Security and Privacy, 208, 1985.
[3] SANDHU R S. Lattice-based access control models [J]. Computer, 1993, 26 (11): 9-19.
[4] 俞能海, 郝卓, 徐甲甲, 等. 云安全研究进展综述 [J]. 电子学报, 2013, 41 (2): 371-381.
[5] 林闯, 封富君, 李俊山. 新型网络环境下的访问控制技术 [J]. 软件学报, 2007, 18 (4):
     955-966.
[6] 冯登国, 张敏, 张妍, 等. 云计算安全研究 [J]. 软件学报, 2011, 22 (1): 71-83.
[7] BACON J, MOODY K, YAO W. A model of OASIS role-based access control and its support for
     active security [J]. ACM Transactions on Information and System Security (TISSEC), 2002, 5
     (4): 492-540.
[8] 韩道军, 高洁, 翟浩良, 等. 访问控制模型研究进展 [J]. 计算机科学, 2010, 37 (011): 29-33.
[9] FERRAIOLO D F, SANDHU R, GAVRILA S, et al. Proposed NIST standard for role based access
     control [J]. ACM Transactions on Information and System Security (TISSEC), 2001, 4 (3):
     224-274.
[10] 刘武, 段海新, 张洪, 等. TRBAC: 基于信任的访问控制模型 [J]. 计算机研究与发展, 2011, 48
     (8): 1414-1420.
[11] CHAKRABORTY S, RAY I. TrustBAC: integrating trust relationships into the RBAC model for ac-
     cess control in open systems [C] //Proceedings of the eleventh ACM symposium on Access con-
     trol models and technologies. ACM, 2006: 49-58.
[12] 李晓峰, 冯登国, 陈朝武, 等. 基于属性的访问控制模型 [J]. 通信学报, 2008, 4: 90-98.
[13] 王小明, 付红, 张立臣. 基于属性的访问控制研究进展 [J]. 电子学报, 2010, 38 (7):
     1660-1667.
[14] GOYAL V, PANDEY O, SAHAI A, et al. Attribute-based encryption for fine grained access con-
     trol of encrypted data [C] //Proceedings of the 13th ACM conference on Computer and communi-
     cations security. ACM, 2006: 89-98.
[15] PARK J, SANDHU R. The UCONABC Usage Control Model [J]. ACM Transactions on Informa-
     tion and System Security, 2004 (2), Vol. 7, No. 1: 128-174.
[16] 邓集波, 洪帆. 基于任务的访问控制模型 [J]. 软件学报, 2003, 14 (1): 76-82.
[17] OH S, PARK S. Task-role-based Access Control Model [J]. Information System, 2003, 28:
     533-562.
[18] 徐伟, 魏峻, 李京. 面向服务的工作流访问控制模型研究 [J]. 计算机研究与发展, 2005, 42
     (8): 1369-1375.
[19] 曹春, 马晓星, 吕建. SCoAC: 一个面向服务计算的访问控制模型 [J]. 计算机学报. 2006, 29
     (7): 1209-1216.
[20] BARKER S, SERGOT M J, WIJESEKERA D. Status-based access control [J]. ACM Transac-
     tions on Information and System Security. 2008, 12 (1): 1-47.
[21] 林果园, 贺珊, 黄皓, 等. 基于行为的云计算访问控制安全模型 [J]. 通信学报, 2012, 33 (3):
     59-66.

［22］ 李凤华，王巍，马建峰，等. 基于行为的访问控制模型及其行为管理［J］. 电子学报，2008，36（10）：1881-1890.

［23］ PAN L, LIU N, ZI X. Visualization framework for inter-domain access control policy integration［J］. Communications, China, 2013, 10（3）：67-75.

［24］ 郝晓燕，邵贝恩. 基于 SOA 的企业应用跨安全域访问控制［J］. 清华大学学报（自然科学版），2009，49（7）：1050-1053.

［25］ 崔永泉，洪帆，龙涛，等. 基于使用控制和上下文的动态网格访问控制模型研究［J］. 计算机科学. 2008，35（12）：37-41.

［26］ 范艳芳，蔡英，耿秀华. 具有时空约束的强制访问控制模型［J］. 北京邮电大学学报，2012，35（005）：111-114.

［27］ 李凤华，苏铓，史国振，等. 访问控制模型研究进展及发展趋势［J］. 电子学报，2012，40（4）：805-813.

［28］ 刘强，王磊，何琳. RBAC 模型研究历程中的系列问题分析［J］. 计算机科学，2012，39（11）：13-18.

［29］ SANDHU R, COYNE E J. Role based access control models［J］. IEEE Computer, 1996, 29（2）：38-47.

［30］ 薛伟，怀进鹏. 基于角色的访问控制模型的扩充和实现机制研究［J］. 计算机研究与发展，2004，40（11）：1635-1642.

［31］ FERRAIOLO D, CUGINI J, KUHN D R. Role-based access control（RBAC）：Features and motivations［C］//Proceedings of 11th Annual Computer Security Application Conference. 1995: 41-48.

［32］ BERTINO E. RBAC models—concepts and trends［J］. Computers & Security, 2003, 22（6）：511-514.

［33］ COLANTONIO A, Di Pietro R, Ocello A. Role Mining in Business: Taming Role-based Access Control Administration［M］. World Scientific, 2012.

［34］ 马晓普，李瑞轩，胡劲纬. 访问控制中的角色工程［J］. 小型微型计算机系统，2013，34（006）：1301-1306.

［35］ SANDHU R. Bhamidipati The ASCAA Principles for Next Generation Role-Based Access Control［C］//Proceedings of 3rd International Conference on Availability, Reliability and Security（ARES）. Barcelona, Spain, 2008.

［36］ GANTER B, WILLE R. Formal Concept Analysis: Mathematical Foundations［M］. Berlin: Springer, 1999.

［37］ INCITS A. INCITS 359-2004, American national standard for information technology, role based access control［S］. 2004.

［38］ BAKAR A A, ISMAIL R, JAIS J. A review on extended role based access control（E-RBAC）model in pervasive computing environment［C］//Networked Digital Technologies, NDT' 09. First International Conference on. IEEE, 2009: 533-535.

［39］ STEINMULLER B, SAFARIK J. Extending role-based access control model with states［C］//EUROCON' 2001, Trends in Communications, International Conference on. IEEE, 2001, 2: 398-399.

［40］ KUHN D R, COYNE E J, WEIL T R. Adding attributes to role-based access control［J］. IEEE Computer, 2010, 43（6）：79-81.

［41］ 翟征德，冯登国，徐震. 细粒度的基于信任度的可控委托授权模型［J］. 软件学报，2007，18（8）：2002-2015.

［42］ COLANTONIO A, PIETRO R DI, OCELLO A, et al. A probabilistic bound on the basic role mining problem and its applications［A］. In Proceedings of the IFIP TC 11 24th International Information

Security Conference, SEC' 09, volume 297 of IFIP International Federation for Information Processing, 376-386. Springer, 2009.

[43] COLANTONIO A, DI PIETRO R, OCELLO A, et al. A new role mining framework to elicit business roles and to mitigate enterprise risk [J]. Decision Support Systems, 2011, 50 (4): 715-731.

[44] HAN D J, ZHUO H K, XIA L T, et al. Permission and role automatic assigning of user in role-based access control [J]. Journal of Central South University of Technology, 2012, 19 (4): 1049-1056.

[45] 刘强, 姜云飞, 饶东宁. 基于 Graphplan 的 ARBAC 策略安全分析方法 [J]. 计算机学报. 2009, 32 (5): 910-921.

[46] MONDAL S, SURAL S. Security analysis of Temporal-RBAC using timed automata [C]//Information Assurance and Security, 2008. ISIAS' 08. Fourth International Conference on. IEEE, 2008: 37-40.

[47] Li N, TRIPUNITARA M V. Security analysis in role-based access control [J]. ACM Transactions on Information and System Security (TISSEC), 2006, 9 (4): 391-420.

[48] LABORDE R, NASSER B, GRASSET F, et al. A formal approach for the evaluation of network security mechanisms based on RBAC policies [J]. Electronic Notes in Theoretical Computer Science, 2005, 121: 117-142.

[49] QAMAR N, LEDRU Y, IDANI A. Evaluating RBAC supported techniques and their validation and verification [C]//Availability, Reliability and Security (ARES), 2011 Sixth International Conference on. IEEE, 2011: 734-739.

[50] COYNE E J. Role-engineering [C]. In 1st ACM Workshop on Role-Based Access Control, 1996.

[51] 马晓普. 角色工程中的角色与约束生成方法研究 [D]. 武汉: 华中科技大学, 2011.

[52] 马晓普, 李瑞轩, 胡劲纬. 访问控制中的角色工程 [J]. 小型微型计算机系统, 2013, 34 (006): 1301-1306.

[53] COYNE E J. Role-engineering. In Proceedings of the 1st ACM Workshop on Role-Based Access Control [J], RBAC' 95, 15-16, 1995.

[54] FERNANDEZ E B, HAWKINS J C. Determining role rights from use cases [J]. In Proceedings of the 2nd Workshop on Role-Based Access Control, RBAC' 97, 1997, 121-125.

[55] RÖCKLE H, SCHIMPF G, WEIDINGER R. Process-oriented approach for role-finding to implement role-based security administration in a large industrial organization. In Proceedings of the 5th ACM Workshop on Role-Based Access Control [J], RBAC 2000, 103-110, 2000.

[56] NEUMANN G, STREMBECK M. A scenario-driven role engineering process for functional RBAC roles [J]. In Proceedings of the 7th ACM Symposium on Access Control Models and Technologies, SACMAT' 02, 33-42, 2002.

[57] STREMBECK M. Scenario-driven role engineering [J]. Security & Privacy, IEEE, 2010, 8 (1): 28-35.

[58] EPSTEIN P, SANDHU R S. Engineering of role/permission assignments [C]. In Proceedings of the 17th Annual Computer Security Applications Conference, ACSAC, 127-136. IEEE Computer Society, 2001.

[59] SHIN D, AHN G J, CHO S, et al. On modeling system-centric information for role engineering [J]. In Proceedings of the 8th ACM Symposium on Access Control Models and Technologies, SACMAT' 03, 169-178, 2003.

[60] KERN, KUHLMANN M, SCHAAD A, et al. Observations on the role life-cycle in the context of enterprise security management [J]. In Proceedings of the 7th ACM Symposium on Access Con-

trol Models and Technologies, SACMAT'02, 2002.

[61] WU M Y. Activities and Event-Driven-Based Role Engineering [C]//2012 Sixth International Conference on Genetic and Evolutionary Computing (ICGEC). IEEE, 2012: 550-553.

[62] KUHLMANN M, SHOHAT D, SCHIMPF G. Role mining-revealing business roles for security administration using data mining technology [J]. In Proceedings of the 8th ACM Symposium on Access Control Models and Technologies, SACMAT'03, 179-186, 2003.

[63] VAIDYA J, ATLURI V, GUO Q. The role mining problem: finding a minimal descriptive set of roles [J]. In Proceedings of the 12th ACM Symposium on Access Control Models and Technologies, SACMAT'07, 175-184, 2007.

[64] LU H, VAIDYA J, ATLURI V. Optimal boolean matrix decomposition: Application to role engineering. In Proceedings of the 24th IEEE International Conferene on Data Engineering, ICDE'08, 297-306, 2008.

[65] FRANK M, BASIN D, BUHMANN J M. A class of probabilistic models for role engineering [C]. In Proceedings of the 15th ACM Conference on Computer and Communications Security, CCS'08, Oct. 2008.

[66] MOLLOY I, LI N H, LI T H, et al. Evaluating Role Mining Algorithms [J]. In Proceedings of the 14th ACM Symposium on Access Control Models and Technologies, SACMAT'09, June. 2009.

[67] VAIDYA J, ATLURI V, WARNER J. RoleMiner: mining roles using subset enumeration [C]. In Proceedings of the 13th ACM Conference on Computer and Communications Security, 144-153, 2006.

[68] MOLLOY, CHEN H, LI T, WANG Q, N. Li, E. Bertino, S. Calo, and J. Lobo. Mining roles with multiple objectives.

[69] SCHLEGELMILCH J, STEFFENS U. Role mining with ORCA [C]. In Proceedings of the 10th ACM Symposium on Access Control Models and Technologies, SACMAT'05, 168-176, 2005.

[70] ZHANG D, RAMAMOHANARAO K, EBRINGER T. Role engineering using graph optimisation [C]. In Proceedings of the 12th ACM Symposium on Access Control Models and Technologies, SACMAT'07, 139-144, 2007.

[71] ENE, HORNE W, MILOSAVLJEVIC N, et al. Fast exact and heuristic methods for role minimization problems [C]. In Proceedings of the 13th ACM Symposium on Access Control Models and Technologies, SACMAT'08, 1-10, 2008.

[72] COLANTONIO A, DI PIETRO R, OCELLO A, et al. A formal framework to elicit roles with business meaning in RBAC systems [C]//Proceedings of the 14th ACM symposium on Access control models and technologies. ACM, 2009: 85-94.

[73] COLANTONIO A, R DI PIETRO, OCELLO A. Leveraging lattices to improve role mining [C]. In Proceedings of the IFIP TC 11 23rd International Information Security Conference, SEC'08, volume 278 of IFIP International Federation for Information Processing, 333-347. Springer, 2008.

[74] COLANTONIO A, R DI PIETRO, OCELLO A, et al. Mining stable roles in RBAC [C]. In Proceedings of the IFIP TC 11 24th International Information Security Conference, SEC'09, volume 297 of IFIP International Federation for Information Processing, 259-269. Springer, 2009.

[75] MOLLOY, CHEN H, LI T, WANG Q, et al. Mining roles with semantic meanings [C]. In Proceedings of the 13th ACM Symposium on Access Control Models and Technologies, SACMAT'08, 21-30, 2008.

[76] LI N H, LI T C, MOLLOY I, et al. Role mining for engineering and optimizing role based access control systems [R]. Technical report, November, 2007.

[77] IRWIN K, YU T, WINSBOROUGH W H. Enforcing security properties in task-based systems [C]//Proceedings of the 13th ACM symposium on Access control models and technologies.

ACM, 2008: 41-50.

[78] NI Q, LOBO J, CALO S, et al. Automating role-based provisioning by learning from examples [C] //Proceedings of the 14th ACM symposium on Access control models and technologies. ACM, 2009: 75-84.

[79] KWON O, KIM J. Concept lattices for visualizing and generating user profiles for context-aware service recommendations [J]. Expert Systems with Applications, 2009, 36 (2): 1893-1902.

[80] PENG Q Q, DU Y J, HAI Y F, et al. Topic-specific crawling on the Web with concept context graph based on FCA [C]. //Proc of International Conference on Management and Service Science, Wuhan, China: IEEE, 2009: 1-4.

[81] DE MAIO C, FENZA G, LOIA V, et al. Hierarchical web resources retrieval by exploiting Fuzzy Formal Concept Analysis [J]. Information Processing & Management, 2012, 48 (3): 399-418.

[82] POELMANS J, IGNATOV D, VIAENE S, et al. Text mining scientific papers: a survey on FCA-based information retrieval research [J]. Advances in Data Mining. Applications and Theoretical Aspects, 2012: 273-287.

[83] NOURINE L, RAYNAUD O. A fast algorithm for building lattices [J]. Information Process Letter. 1999, 71 (5-6): 199-204

[84] ELZINGA P, POELMANS J, VIAENE S, et al. Terrorist threat assessment with formal concept analysis [C] //Intelligence and Security Informatics (ISI), 2010 IEEE International Conference on. IEEE, 2010: 77-82.

[85] POELMANS J, ELZINGA P, VIAENE S, et al. Formal concept analysis in knowledge discovery: a survey [J]. Conceptual Structures: From Information to Intelligence, 2010: 139-153.

[86] GUPTA A, BHATNAGAR V, KUMAR N. Mining closed itemsets in data stream using formal concept analysis [J]. Data Warehousing and Knowledge Discovery, 2010: 285-296.

[87] STATTNER E, COLLARD M. Social-Based Conceptual Links: Conceptual Analysis Applied to Social Networks [C] //Advances in Social Networks Analysis and Mining (ASONAM), 2012 IEEE/ACM International Conference on. IEEE, 2012: 25-29.

[88] KIM H L, BRESLIN J G, DECKER S, et al. Mining and representing user interests: The case of tagging practices [J]. Systems, Man and Cybernetics, Part A: Systems and Humans, IEEE Transactions on, 2011, 41 (4): 683-692.

[89] KAYTOUE M, DUPLESSIS S, KUZNETSOV S, et al. Two fca-based methods for mining gene expression data [J]. Formal Concept Analysis, 2009: 251-266.

[90] KAYTOUE M, KUZNETSOV S O, NAPOLI A, et al. Mining gene expression data with pattern structures in formal concept analysis [J]. Information Sciences, 2011, 181 (10): 1989-2001.

[91] AMIN I I, KASSIM S K, HASSANIEN A E, et al. Formal concept analysis for mining hypermethylated genes in breast cancer tumor subtypes [C] //Intelligent Systems Design and Applications (ISDA), 2012 12th International Conference on. IEEE, 2012: 764-769.

[92] STUMME G, MAEDCHE A. FCA-MERGE: Bottom-up Merging of Ontologies [C]. In: Proceedings of the 17th International Joint Conference on Artificial Intelligence. San Francisco: Morgan Kaufmann Publishers Inc., 2001: 225-230.

[93] BURUSCO A, FUENTES-GONZALES R. The study of the L-fuzzy concept lattice [J]. Mathware & Soft Computing, 1994, 3: 209-218.

[94] 刘宗田, 强宇, 周文, 等. 一种模糊概念格模型及其渐进式构造算法 [J]. 计算机学报, 2007, 30 (2): 184-188.

[95] SARMAH, HAZARIKA S M, SINHA S K. Security Pattern Lattice: A Formal Model to Organize Security Patterns, In International Workshop on Database and Expert Systems Application, Tu-

rin, Italy, 292-296, Sept. 2008.

［96］ ALVI A K, ZULKERNINE M. A Comparative Study of Software Security Pattern Classifications ［C］//Availability, Reliability and Security (ARES), 2012 Seventh International Conference on. IEEE, 2012: 582-589.

［97］ BREIER J, HUDEC L. Towards a security evaluation model based on security metrics ［C］//Proceedings of the 13th International Conference on Computer Systems and Technologies. ACM, 2012: 87-94.

［98］ JANG I, YOO H S. Personal Information Classification for Privacy Negotiation ［C］//Computer Sciences and Convergence Information Technology, 2009. ICCIT' 09. Fourth International Conference on. IEEE, 2009: 1117-1122.

［99］ PRISS U. Unix systems monitoring with FCA ［M］//Conceptual Structures for Discovering Knowledge. Springer Berlin Heidelberg, 2011: 243-256.

［100］ BIBA K J. Integrity Considerations for Secure Computer Systems ［R］. The MITRE Corporation. Tech. Rep. : MTR-3153, 1977.

［101］ BELL D E, LAPADULA L J. Secure Computer System: Unified Exposition and Multics Interpretation. The MITRE Corporation. Tech. Rep. : MTR-2997 Revision 1, 1976.

［102］ SAKURABA T, SAKURAI K. Proposal of the Hierarchical File Server Groups for Implementing Mandatory Access Control ［C］//Innovative Mobile and Internet Services in Ubiquitous Computing (IMIS), 2012 Sixth International Conference on. IEEE, 2012: 639-644.

［103］ OBIEDKOV S, KOURIE D G, ELOFF J H P. On lattices in access control models ［M］//Conceptual Structures: Inspiration and Application. Springer Berlin Heidelberg, 2006: 374-387.

［104］ OBIEDKOV S, KOURIE D G, Eloff J H P. Building access control models with attribute exploration ［J］. Computers & Security, 2009, 28 (1): 2-7.

［105］ SOBIESKI Ś, ZIELIŃSKI B. Modelling role hierarchy structure using the Formal Concept Analysis ［J］. Annales UMCS, Informatica, 2010, 10 (2): 143-159.

［106］ KUMAR C A. Modeling Access Permissions in Role Based Access Control Using Formal Concept Analysis ［M］//Wireless Networks and Computational Intelligence. Springer Berlin Heidelberg, 2012: 578-583.

［107］ GAUTHIER F, MERLO E. Investigation of Access Control Models with Formal Concept Analysis: A Case Study ［C］//2012 16th European Conference on Software Maintenance and Reengineering (CSMR). IEEE, 2012: 397-402.

［108］ DAU F, KNECHTEL M. Access policy design supported by FCA methods ［M］//Conceptual Structures: Leveraging Semantic Technologies. Springer Berlin Heidelberg, 2009: 141-154.

［109］ KNECHTEL M. Access restrictions to and with description logic web ontologies ［D］. Dresden University of Technology, 2010.

［110］ KUMAR C. Designing role　based access control using formal concept analysis ［J］. Security and communication networks, 2013, 6 (3): 373-383.

［111］ 贾笑明, 韩道军, 王宝祥. RBAC 中基于概念格的角色评估 ［J］. 河南大学学报: 自然科学版, 2013, 43 (1): 85-90.

［112］ WANG J, ZENG C, HE C, et al. Context-aware role mining for mobile service recommendation ［C］//Proceedings of the 27th Annual ACM Symposium on Applied Computing. ACM, 2012: 173-178.

［113］ 何云强, 李建凤. RBAC 中基于概念格的权限管理研究 ［J］. 河南大学学报: 自然科学版, 2011, 41 (3): 308-311.

［114］ GANTER B. Attribute exploration with background knowledge ［J］. Theoretical Computer Science, 1999, 217 (2): 215-233.

［115］ BAADER F, GANTER B, SERTKAYA B, et al. Completing Description Logic Knowledge Bases Using Formal Concept Analysis［C］//IJCAI. 2007: 230-235.

［116］ BORCHMANN D. A general form of attribute exploration［J］. arXiv preprint arXiv: 1202. 4824, 2012.

［117］ BORCHMANN D. Exploring faulty data: International Conference on Formal Concept Analysis ［C］: Springer, 2015.

［118］ GLODEANU C V. Attribute Exploration with Fuzzy Attributes and Background Knowledge. : CLA ［C］: Citeseer, 2013.

［119］ JÄSCHKE R, RUDOLPH S. Attribute exploration on the web［J］. 2013.

［120］ OBIEDKOV S, ROMASHKIN N. Collaborative conceptual exploration as a tool for crowdsourcing domain ontologies: Proceedings of Russian and South African Workshop on Knowledge Discovery Techniques Based on Formal Concept Analysis, CEUR Workshop Proceedings［C］, 2015.

［121］ HANIKA T, ZUMBRÄGEL J. Towards collaborative conceptual exploration: International Conference on Conceptual Structures［C］: Springer, 2018.

［122］ CODOCEDO V, BAIXERIES J, KAYTOUE M, et al. Sampling Representation Contexts with Attribute Exploration: International Conference on Formal Concept Analysis［C］: Springer, 2019.

［123］ WOLLBOLD J, KÖHLING R, BORCHMANN D. Attribute exploration with proper premises and incomplete knowledge applied to the free radical theory of ageing: International Conference on Formal Concept Analysis［C］: Springer, 2014.

［124］ RYSSEL U, DISTEL F, BORCHMANN D. Fast algorithms for implication bases and attribute exploration using proper premises［J］. Annals of Mathematics and Artificial Intelligence, 2014, 70 (1-2): 25-53.

［125］ KRIEGEL F. Parallel attribute exploration: International Conference on Conceptual Structures ［C］: Springer, 2016.

［126］ 赵小香, 覃萍, 王驹. 属性探索算法研究［J］. 计算机科学与探索, 2009, 3 (5): 509-518.

［127］ GODIN R, MISSAOUI T, ALAUI H. An incremental concept formation algorithm based on Galois (concept) lattices［J］. Computational Intelligence, 1995, 11 (2): 246-267.

［128］ VAN DER MERWE D, OBIEDKOV S, KOURIE D. AddIntent: A new incremental algorithm for constructing concept lattices［G］. //LNCS 2961: Proc of the 2nd Int Conf on Formal Concept Analysis. Berlin: Springer, 2004: 372-385.

［129］ KUZNETSOV S O, OBIEDKOV S A. Comparing performance of algorithms for generating concept lattices［J］. Journal of Experimental & Theoretical Artificial Intelligence, 2002, 14 (2): 189-216

［130］ STUMME G, TAOUIL R, BASTIDE Y, et al. Fast computation of concept lattices using data mining techniques［C］//Proc. 7th Intl. Workshop on Knowledge Representation Meets Databases. 2000: 21-22.

［131］ 曲立平, 刘大昕, 杨静, 等. 基于属性的概念格快速渐进式构造算法［J］. 计算机研究与发展, 2007, 44 (z3): 251-256

［132］ ANDREWS S. In-Close, a fast algorithm for computing formal concepts［C］. //Proc of 17th International Conference on Conceptual Structures (ICCS), Moscow, Russia, 2009.

［133］ FU H, NGUIFO E M. A Parallel Algorithm to Generate Formal Concepts for Large Data［C］// Concept Lattices: Second International Conference on Formal Concept Analysis, ICFCA 2004, Sydney, Australia, February 23-26, 2004, Proceedings. Springer, 2004, 2961: 394-401.

［134］ NJIWOUA P, NGUIFO E M. A parallel algorithm to build concept lattice［C］//Proceedings of the 4th Groningen International Information Technology Conference for Students. University of Groningen, The Netherlands: Fevrier, 1997: 103-107.

［135］ 智慧来，智东杰，刘宗田. 概念格合并原理与算法［J］. 电子学报, 2010, 38（2）: 455-459.

［136］ VALTCHEV P, MISSAOUI R. Building concept（Galois）lattice from parts: gennralizing the in-cremental methods［A］. Lecture Notes in Computer Science［C］. Berlin: Springer, 2001, 290-303.

［137］ VALTCHEV P, MISSAOUI R, LEBRUN P. A partition-based approach towards constructing Galois（concept）lattices［J］. Discrete Mathematics, 2002, 256（3）: 801-830.

［138］ LIU Z T, LI L S, ZHANG Q. Research on a union algorithm of multiple concept lattices［C］// Proceedings of 9th International Conference on Rough Sets, Fuzzy Sets, Data Mining and Granular Computing. Springer-Verlag, 2003: 533-540.

［139］ 李云，刘宗田，陈峻，等. 多概念格的横向合并算法［J］. 电子学报, 2005, 32（11）: 1849-1854.

［140］ 张磊，沈夏炯，韩道军，等. 基于同义概念的概念格纵向合并算法［J］. 计算机工程与应用, 2007, 43（2）: 95-98.

［141］ 张磊，沈夏炯，贾培艳，等. 基于同类概念的概念格横向合并算法［J］. 计算机应用, 2006, 26（8）: 1900-1903.